U0296612

国家科技重大专项课题(2011ZX05013006)资助

低渗透油田注入流体渗漏和窜流机理研究

刘建军　陈淑利　纪佑军　裴桂红　李崟澍　著

科学出版社

北　京

内 容 简 介

　　高压注水开采是低渗透油田主要的开采方式，注入水沿隔夹层及断层窜流和渗漏使注水达不到预期效果，严重影响开发效果。本书针对导致窜流的主要因素，通过实验研究、理论建模和数值模拟的方法，从渗流–损伤耦合理论出发，建立考虑隔夹层渗流损伤的力学模型，通过对实际区块渗漏和窜流的数值模拟，对影响窜流、渗漏的主要因素进行敏感性分析，并给出窜流、渗漏的防控措施。

　　本书可供石油工程、地质工程、岩土工程、地下工程等专业的科研人员、设计和施工人员，以及高等院校的教师、研究生、本科生等参考。

图书在版编目(CIP)数据

低渗透油田注入流体渗漏和窜流机理研究 / 刘建军等著. —北京：科学出版社, 2015.9
ISBN 978-7-03-042925-4

Ⅰ. ①低… Ⅱ. ①刘… Ⅲ. ①低渗透油层–注入井–漏油–研究 ②低渗透油层–注入井–窜流（油气开采）–研究 Ⅳ. ①TE33

中国版本图书馆 CIP 数据核字 (2014) 第 309701 号

责任编辑：罗　莉 / 责任校对：陈　靖
责任印制：余少力 / 封面设计：墨创文化

科 学 出 版 社 出版

北京东黄城根北街16号
邮政编码：100717
http://www.sciencep.com

四川煤田地质制图印刷厂印刷
科学出版社发行　各地新华书店经销

*

2015 年 9 月第 一 版　　开本：720×1000 B5
2015 年 9 月第一次印刷　　印张：10 1/4
字数：200 千字
定价：99.00 元

前　言

　　高压注水开采是低渗透油田主要的开采方式,注入水沿隔夹层及断层窜流和渗漏使注水达不到预期效果,严重影响开发效果。本书针对导致窜流的主要因素,通过实验研究、理论建模和数值模拟的方法,从渗流-损伤耦合理论出发,建立考虑隔夹层渗流损伤的力学模型,通过数值模拟,对影响窜流、渗漏的主要因素进行敏感性分析,并给出窜流、渗漏的防控措施。研究成果对于提高低渗透油田注水开发效果等具有重要的理论意义和应用价值。

　　全书包括六个部分:一是通过实验研究,测定低渗透油田储层和隔层岩心的岩石力学及渗流力学参数,比较隔夹层和储层岩石物理力学性质的差异;二是考虑有效应力对地层渗透率、孔隙度的影响,将有效应力与孔隙度、渗透率的关系定义到材料本构中,借助有限元分析软件 Abaqus 对可能导致窜流的主要影响因素进行数值模拟,分析开发过程中隔层孔渗参数的变化规律以及由此引起的隔夹层窜流、渗漏情况;三是考虑渗流-损伤耦合作用,通过数值模拟研究在高压注水过程中,隔层发生塑性损伤的机理和过程;四是通过 MATLAB 软件编制综合评价渗漏窜流影响因素的分析程序,并对主要影响因素进行敏感性分析;五是考虑裂缝的各向异性特征,研究不同形态天然裂缝及人工裂缝对地层渗流场的影响,分析其对注入流体在地层内流动情况的影响;最后以大庆油田某实际区块为研究对象,考虑隔夹层渗流损伤作用,对油田开发过程进行数值模拟,给出隔夹层渗漏窜流的数值模拟结果,分析其主要规律。

　　本书内容主要来自于作者近五年来所完成的一系列科研项目成果。包括国家科技重大专项课题(2011ZX05013006)、国家自然科学基金资助项目(51174170)和中国石油大庆油田勘探开发研究院、中国石化胜利油田分公司孤东采油厂等企业协作项目等。科研工作得到了大庆油田勘探开发研究院、中国科学院渗流流体力学研究所、中国科学院武汉岩土力学研究所、武汉轻工大学、油气藏地质及开发工程国家重点实验室的大力支持,在此表示衷心的感谢!

　　另外,本书的出版,得到了西南石油大学地球科学与技术学院"地质资源与地质工程"学科建设项目和国家科技重大专项课题(2011ZX05013006)的资助。

　　由于注入流体渗漏和窜流研究的许多方面还处于探索阶段,加之著者水平有限,书中难免有缺点和疏漏,恳请读者批评指正。

作　者

2015 年 4 月

目　　录

第1章 绪 论

低渗透油田在我国石油开发中有着重要意义。我国发现的低渗透油田占新发现油藏的一半以上，而低渗透油田产能建设的规模则占到油田产能建设规模总量的 70% 以上，低渗透油田已经成为石油开发建设的主战场。但是低渗透油田的天然能量一般不足，靠自然消耗方式难以维系开采，国内对于这样的油田一般采用注水开发。高压注水是低渗透油田增产的有效措施。对注水开发油田来说，良好的注水驱油效果是油田稳产的基础。

可开发的低渗透油田一般微裂缝发育，裂缝是油藏的主要渗流通道。在开发过程中，注入流体很容易沿着裂缝渗漏或窜流到相邻其他层位，造成窜漏。实际现场资料也表明，注入流体和采出流体质量不平衡的现象经常发生，这种现象是高压注入的流体渗漏或窜流到其他层位造成的。注入流体渗漏和窜流导致开发目的层能量得不到有效补充，注入的部分流体起不到驱替效果，降低了注水开发的效果。因此，通过研究，揭示注入流体渗漏、窜流的力学机理和基本规律，对提高注水开发效果、提高油田采收率具有十分重要的理论意义和实际应用价值。

1.1 国内外研究现状

围绕低渗透油田注入流体渗漏、窜流问题，国内外已经开展了较多的理论研究、现场测试等工作。已有研究成果表明，注入流体渗漏、窜流的形式主要包括以下三种：

一是环空窜流。原因主要为层间封固不良，而致高压流体沿着套管窜入低压层，比如固井时本来就产生了裂缝，一旦注入流体，即有可能发生窜流，或者固井质量不好，在高压注水时引发窜流情况发生。

二是层间窜流。主要是指通过储层间隔层、弱渗透层等途径发生的窜流现象。

三是沿断层或者裂缝窜流。储层在天然状态下，未经过人工造缝过程，注入流体沿着如断层、溶洞、基质裂缝等流走；实施压裂后，人工裂缝可能会成为各种潜在窜流的通道，致使流体经由人工裂缝的途径发生窜流，也有可能在高压注采时由于地层孔隙压力改变而使得先前闭合的断层或者裂缝开启，形成窜流通道。

围绕以上三种类型的渗漏和窜流现象,国内外开展了相关研究工作。

1.1.1 环空窜流方面的研究

环空窜流是指井内水泥环封隔失效而引起的窜流现象。环空窜流发生有两个必要条件:一是窜流动力,即层间压差;二是窜流途径。窜流途径的形成有多种原因。

张兴国等(2006)对环空窜流原因进行了详细研究。其原因主要分两个方面:一是水泥石本体的原因,包括泥浆窜槽、地层流体窜槽、自由水通道、水泥化裂缝、水泥石破碎解体等;二是来自于固井两个界面的原因,主要包括套管、地层表面油湿、微环隙、地层流体动态干扰、界面胶结破坏等。

杜伟程、黄柏宗(1997)对环空窜流理论及相应防窜措施进行了研究,指出套管、水泥环和地层间的微裂缝和微环隙是造成窜流的原因。微裂缝是水泥环不能很好与套管胶结造成的,而微环隙则是存在于地层之间或者水泥环内产生的微小通道。他们提出使用合成橡胶粉、添加海绵铁等有效措施防窜。

吴铭德(1987)建立了多层油藏的单井模型,模型中假设各层之间有良好的非渗透隔层,各层的厚度、孔隙度、渗透率、表皮系数、地层压力、排油半径等参数可以不同,对该模型建立相应的方程,然后进行拉普拉斯变换,在拉普拉斯空间内求解后,应用斯坦夫算法求得井下压力和流量随时间变化的规律。研究结果如图 1.1 所示。

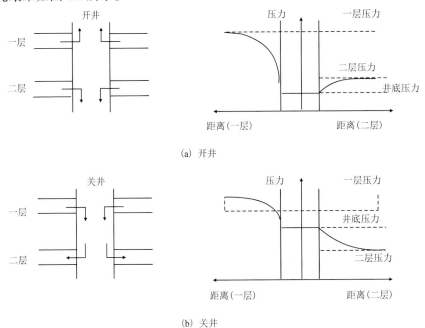

(a) 开井

(b) 关井

图 1.1　井内窜流说明(压力分析)(吴铭德, 1987)

1.1.2 层间窜流方面的研究

层间窜流指通过储层间隔层、弱渗透层等途径发生的窜流现象。

在隔层窜流研究方面,吴德铭等(1994)对层间窜流也进行了研究,研究表明:两层之压差越大,井下窜流越严重;井口产量越小,窜流也越严重(因为井口产量小时,井底压力相对较高,易发生窜流);高压层的渗透性越好,其表皮系数越小,井下窜流越严重。有层间窜流的多层油藏常有层间窜流现象。例如,隔层具有一定的渗透性、隔层之厚度及特性的横向变异等,均可能为层间窜流提供条件。在碳酸盐岩地层中,高渗透层之间常以致密灰岩作为隔层,致密灰岩中的裂缝可为层间窜流提供条件。

曲兆峰(2006)对多层段窜槽井水泥封窜技术进行研究,随着油田进入高含水后期,层间矛盾逐渐加大,异常高压层逐渐变多,层间压差也越来越大。注水井分层段测压资料表明单井平均层间压差达 4 MPa。层间压差的存在,致使钻井后固井质量不好,大段窜槽井增多。

孙泽辉等(2003)用数值模拟的方法,建立了二维地质模型,对隔层窜流现象进行了研究。他们首先通过研究得出第二胶结面是窜流发生的主要途径,然后对中间层已经被压开,但上下层尚未破裂时的情况进行模拟。因为此时层间压差最大,隔层最容易破坏。模拟结果显示隔层的高抗压强度使得窜流现象此时会发生在第二胶结面上,继而进一步分析了在平衡压裂与常规压裂方式下,针对不同隔层厚度的第二胶结面的抗剪切强度,分别得出两种工艺下不发生层间窜流的最小厚度要求。如图 1.2 所示。

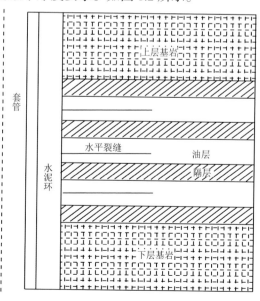

图 1.2 隔层窜流模型示意图(孙泽辉等,2003)

　　在隔层渗漏方面的研究,曾昭英等(2002)研究了具有一定渗透率夹层对低渗透油层开发效果的影响,建立了在高渗层与低渗层之间存在具有一定渗透性夹层的数学模型,然后给出5种工况,通过数值模拟的方法,得出低渗层开发中存在某夹层在垂直方向上的渗透率的界限值,而其对于窜流量的影响是非常明显的。研究结果表明,在相同的注采方式下,同时假设渗透率不变,如果低渗透层厚度较小,则低渗透层最终的含油饱和度也会较低;但是也存在某个垂直方向渗透率,在大于这个值后,使得计算所得的窜流量在低渗透层的储量,以及生产井产量和低渗透层产量的比例中占有较大值。

　　在对层间窜流量计算方面有如下的研究:戴涛等(2002)通过将窜流量视为源汇项的方法,建立了拟三维数值模型,通过窜流量研究了层间窜流问题;并将结果与 Eclipse 等商业油藏模拟软件的结果进行对比,证明了其处理方法的有效性。程林松等也曾通过将层间窜流情况简化为激动层汇项与反应层源项的办法简化计算,求得窜流量。

1.1.3 沿断层或裂缝窜流

1. 在断层窜流研究方面

　　断层状态分为闭合与张开两个状态。在闭合状态下断层能够成为储层的封闭界限,起到封隔油层的作用;而在张开状态下,断层则会成为流体疏导途径,形成窜流途径。童亨茂(1998)从地质构造方面,以岩石力学、流体力学各项参数为研究对象,定量分析了断层开启与封闭的条件,并提出了断层封闭性的分析办法。

　　由于断层情况比较特殊,在数值模拟中对它的研究方法,有通过特别单元进行研究的,但是这种方法计算成本较高,且处理办法麻烦,因此也常用研究高渗带的办法进行处理。

　　王博等(2008)将断层处理为高渗透性材料,分别研究断层倾向、走向、渗透率以及与断层相隔不同距离时,断层对于地下渗流场的影响。

2. 在裂缝窜流研究方面

　　压裂缝大致分为两种,一为水平裂缝,一为垂直裂缝。两种裂缝致窜流主要原因不尽相同。水平裂缝致窜主要是因为裂缝水平贯入地层,高压的注入流体使得地层内层间压差增大,有可能导致隔层破坏而致窜流;垂直裂缝则主要是由于裂缝在垂直方向上扩展时,可能贯穿上下隔层,导致窜流。在对水平裂缝的研究方面,魏明臻等(1999)对小黑油模型的油藏数值模拟程序进行改造,将裂缝及油藏作为一个整体系统,并将裂缝处理为具有高渗透性的区域,对大庆油田的密井网水平缝压裂区块的见水时间、含水变化、含水率、油井产量及采收率变化进行了研究。

低渗透油田窜流问题涉及的问题众多,如前所述,对于窜流问题的分析,虽然比较丰富,但是大多局限于二维问题的分析,且多是从井产量等数据方面进行解释,少有从力学角度进行分析;且大多局限于概念模型,还没有结合实际开发区块开展研究的相关报道,与实际油田开发还有不少的差距。随着计算技术的高速发展以及相关理论研究的深化,有必要针对油田具体开发区块开展低渗透油田注入流体层间窜流和渗漏方面的研究工作。

1.1.4 流体注入对地层力学参数扰动的研究

贾俊山、魏明(2002)对孤东油田注水开发基本规律进行了研究。孤东油田馆陶组上段产液、产油能力变化符合稠油油田的基本变化规律,即在注水开发过程中,随着含水上升,油层含水饱和度不断增大,油相渗透率逐渐下降,采油指数减小;而水相渗透率逐渐上升,采水指数和采液指数不断增大,特别是高含水期以后,采液指数增长更快。在油田注水开发过程中,随含水指数和含水饱和度的增大,水相渗透率增大,流动阻力减小,油层吸水指数逐渐增加,油层吸水能力增强。每米吸水指数和每米视吸水指数虽然数值不同,但随含水上升和注入倍数的增大而增大的规律是一致的。随着累积注水量的增加,含水饱和度增大,水相渗透率增大,渗流阻力降低。注水 0.6 倍孔隙体积、含水率80% 以后,吸水指数上升速度加快。

初期吸水剖面资料统计表明,纵向各均质段吸水强度与渗透率有一定关系,随渗透率增大,吸水强度增加。但随着累积注水量的增大,渗透率的影响逐渐减小,各均质段吸水强度差异减小。平面水淹,注水前,边部油井过早见水,油藏边部不同程度水淹。油田主力开发层系油水关系比较复杂,具多个油水界面。油水边界附近油井油层射孔位置偏低,致使油井投产后很快见水。注水后,油井见水快,油层平面水淹面积迅速扩大。层内水淹,油层非均质类型不同,其水淹特点不同。层内见水状况受渗透率纵向分布控制,高渗透段首先被注入水波及动用,表现出单个油层动用是一个从高渗透段到中低渗透段的发展变化过程,也就是动用厚度逐渐增加的过程。

何满潮等(2008)对深井泥岩吸水特性实验进行研究,在高地应力与水的作用下,岩体强度损伤明显。特别是湿度条件变化时,软岩的性质与状态会发生很大的变化,体积膨胀,强度降低。此时因水造成的强度损伤比力学因素造成的损伤更为严重。

国内外对岩石与水相互作用问题的研究中,对含水岩石力学特性、水对岩石动力学特性的影响、水–岩化学作用的力学效应、岩石遇水后的微观结构特征与软化机制、吸水膨胀变形及变形时效特性等研究比较多。通过对泥岩的吸水实验,得出了泥岩在整个吸水过程中吸水速率随时间的变化。吸水初期比较快,随着时间增加,吸水速率减慢,趋于常数。泥岩孔隙的几何形状、大小、分布及其相互连通关系,决定其吸水量的大小与吸水速率的快慢。孔隙率大的岩样吸水量大,吸水速率相对高;孔隙率小的岩样吸水量小,吸水速率相对低。孔隙通道有效半径大,吸水速率相对高;孔隙通道有效半径小,吸水速率相对低。矿物含量与种类是岩石吸水的主要影响因素之一,同类型泥岩中,黏土矿物含量高则吸水量小,吸水速率低;黏土矿物含量低则吸水量大,吸水速率高。

国内外在低渗透油田开发研究中,对多层油藏中存在的问题进行了相关研究,如深井泥岩吸水特性实验研究、多层段窜槽井水泥封窜技术研究、注水开发基本规律等研究,得出了一些有意义的结论,对高压注水低渗透油田的合理开发具有一定的理论指导意义。但是相关研究中,对注水开发中泥岩吸水及泥岩层的渗漏和窜流方面的研究几乎是空白。因此,考虑泥岩渗透性研究渗漏窜流机理对于油田开发具有重要意义。

1.2　主要研究内容与技术路线

本书首先通过室内岩石孔隙度、渗透率和岩石物理力学参数的实验研究,给出储层岩石的渗流和变形力学特性;基于岩石力学、渗流力学、损伤力学的理论,建立考虑储层及隔夹层物性演化的渗流-损伤耦合力学模型;通过数值计算,对低渗透油田注水开发过程中可能存在的几种主要窜流情况进行数值模拟,求得其应力场、渗流场分布及窜流量大小,研究低渗透油田注入流体层间窜流和渗漏的力学机理,给出在不同注采参数及地层条件下的窜流和渗漏规律,为优化注采工艺参数、提高注水开发效果、降低成本、节约资源提供可靠的理论指导。

主要研究内容包括:

(1) 选取区域内典型的泥岩,进行不同含水率下的室内实验,获取不同含水率下泥岩的弹性模量、抗压强度、黏聚力、内摩擦角、蠕变特征、吸水膨胀特征等力学参数及渗透率、孔隙率、饱和度等渗流参数。

(2) 建立根据套管变形数据反演套变点地层应力和变形的反演模型,根据现场统计的实际套变情况,反演套变处的地层应力分布情况和地层变形情况。

(3) 对整个区域进行综合地质调查,弄清楚各地层的基本地质属性、区域内断层的分布情况及各地层的层间集合情况。在此基础上建立整个区块的 Petrel 地质模型,对其中的断层及层间结合进行精细建模,并转化为有限元模型。

(4) 针对典型的高压注水方案,基于流-固耦合理论,进行整个区域内流固耦合计算,得出整个区域内的压力场分布情况、油水饱和度分布情况和整个区域内的地层变形趋势;在此基础上,选取典型的井组进行精细分析,获取井组内压力场分布、油水饱和度分布和地层变形情况。

(5) 将每种可能的渗漏、窜层及沿断层流走情况作为一种工况,进行多工况组合计算;以压力、油水饱和度、地层变形数据的计算值与监测值(或反演值)之间的残差最小为优化目标,以工况组合为优化变量,建立优化模型,研究高效的优化算法,对该优化模型进行求解,寻找与监测数据差异最小的工况组合。

(6) 总结发生渗漏、窜层、沿断层流失时的地层条件、生产参数等方面的基本规律,对不同类型油藏发生渗漏、窜层、沿断层流失的可能性进行预测,并提出预防措施。

技术路线如图 1.3 所示。

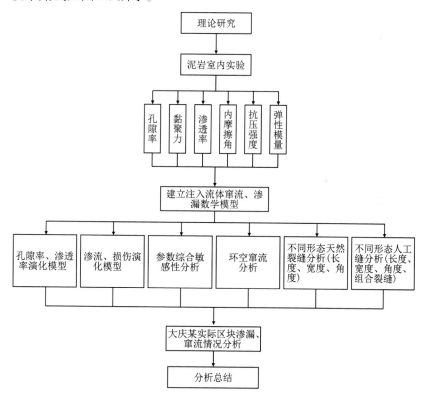

图 1.3 主要技术路线

第 2 章 储层及隔夹层岩石力学实验研究

隔夹层物理力学性质及其与储层的差异大小是影响窜流和渗漏的重要内在指标。本章通过室内实验,对储层以及隔夹层的岩石力学性质、孔隙度、渗透率等物理力学参数进行测定,得到隔夹层和储层岩芯的全过程应力-应变曲线、孔渗参数的应力敏感性曲线,为下一步数值计算和理论分析提供实验数据支撑。

2.1 实验设备与岩芯

实验项目主要包括:不同含水率下泥岩弹性模量、抗压强度、黏聚力、内摩擦角、蠕变特性、吸水膨胀特性等力学参数及渗透率、孔隙度、饱和度等渗流

(a) 岩石三轴试验机

(b) 高温高压岩石多参数测定仪

(c) 岩石流变试验机

(d) 岩石多场耦合流变仪

图 2.1 主要仪器

参数的实验研究。所有实验均在油气藏地质及开发工程国家重点实验室(西南石油大学)进行,所采用的仪器包括:岩石三轴实验机、岩石流变实验机、高温高压岩石多参数测定仪等。主要仪器如图 2.1 所示。

　　实验所用岩芯,共有两批。第一批岩芯来自头台油田 M11、M111 的泥岩和泥质砂岩岩芯共 11 块,均为标准岩芯;来自榆树林油田 S381 井、S14 井的泥岩和砂岩岩芯共 10 块。第一次试样中头台油田的 11 块岩芯,共有 4 块岩芯用来测试应力敏感性,分别为 1#、3#、4# 和 10# 岩芯,其余 2#、5#、6#、7#、8#、9#、11# 岩芯用来测试岩芯的力学参数。由于泥岩岩芯钻取困难,根据实验性质,将获得的岩芯先测孔隙度和气测渗透率,然后再进行加载实验和浸水实验。实际实验岩芯共 30 块,部分岩芯样品如图 2.2 所示。

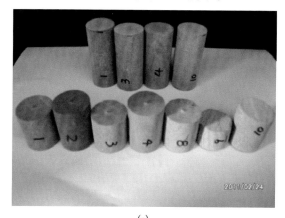

(a)

(b)

图 2.2　部分岩芯样本

　　第二批岩芯共有 10 块,分别取自 S381 和 S382 井的扶余油层和杨大城子油层。由于泥岩岩芯获取困难,所以大部分为粉砂质泥岩岩芯。比较纯的泥岩岩芯共 4 块。所取岩芯的主要信息如表 2.1 所示。

表 2.1   部分岩芯主要信息

井名	编号	取样深度/m	层位	岩性
	2-1	1 695.14	扶余油层	粉砂质泥岩
	2-2	1 706.23	扶余油层	细砂岩
S382	2-3	1 884.80	杨大城子	泥岩
	2-4	1 888.70	杨大城子	粉砂岩
	2-5	1 899.34	杨大城子	粉砂质泥岩
	2-6	1 909.24	杨大城子	粉砂岩
	2-7	1 898.20	杨大城子	泥岩
	2-8	1 914.40	杨大城子	泥质粉砂岩
S381	2-9	2 113.50	杨大城子	泥岩
	2-10	2 135.11	杨大城子	泥质粉砂岩

2.2   岩石物理力学实验

2.2.1   岩芯孔隙度和渗透率

实验测得第一批岩芯孔隙度和渗透率结果如表 2.2 所示。由于所取岩芯为非纯泥岩岩芯, 从测试结果看, 1-4#、1-5#、1-6#、1-11# 岩芯的孔隙度小于 6%, 渗透率低于 0.05 mD, 可将这 4 块岩芯视为隔夹层岩芯。其余为泥质砂岩。

表 2.2   岩芯孔隙度、渗透率测试结果

编号	孔隙度/%	渗透率/mD	岩性
1-1	8.2	0.152	泥岩粉砂岩
1-2	6.5	0.061	粉砂质泥岩
1-3	11.7	0.516	泥质粉砂岩
1-4	4.4	0.005	泥岩
1-5	1.8	0.001	泥岩
1-6	3.2	0.011	泥岩
1-8	9.3	0.084	粉砂质泥岩
1-9	11.5	0.144	泥质粉砂岩
1-10	11.1	0.238	泥质粉砂岩
1-11	3.2	0.007	泥岩
2-1	8.4	0.326	粉砂质泥岩
2-2	11.7	0.413	泥质细砂岩
2-3	2.1	0.002	泥岩
2-4	10.8	0.162	泥质粉砂岩
2-5	6.6	0.091	粉砂质泥岩
2-6	7.2	0.318	泥质粉砂岩
2-7	1.9	0.005	泥岩
2-8	7.5	0.247	泥质粉砂岩
2-9	2.8	0.013	泥岩
2-10	9.4	0.174	泥质粉砂岩

2.2.2 岩石力学实验

图 2.3~ 图 2.8 分别为岩芯 1-2#、1-5#、1-6#、1-8#、1-9#、1-11# 岩芯在不同围压下的应力-应变曲线。从岩石全程应力-应变曲线,可得弹性模量、泊松比、抗压强度、黏聚力和内摩擦角等参数。

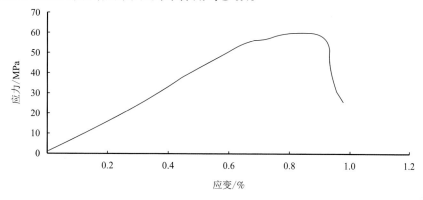

图 2.3　岩芯 1-2# 在 15.6 MPa 时的应力-应变曲线

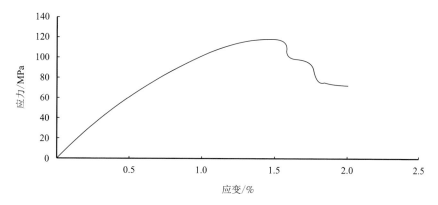

图 2.4　1-5# 岩芯在围压 26.0 MPa 时的应力-应变曲线

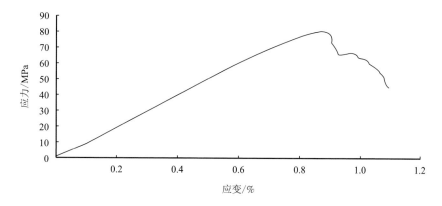

图 2.5　1-6# 岩芯在围压 15.6 MPa 时的应力-应变曲线

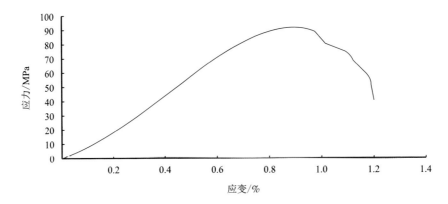

图 2.6　1-8# 岩芯在 26.0 MPa 时的应力-应变曲线

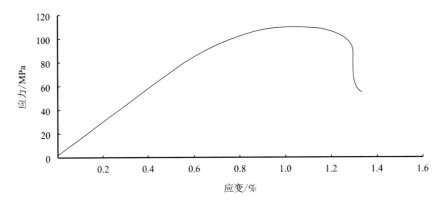

图 2.7　1-9# 岩芯在围压 26.0 MPa 时的应力-应变曲线

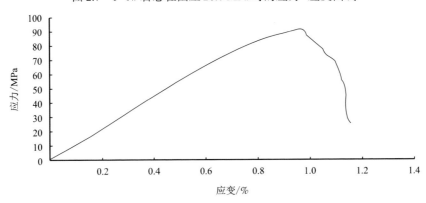

图 2.8　1-11# 岩芯在围压 15.6 MPa 时的应力-应变曲线

　　根据得到的应力-应变曲线,由 Mohr-Coulomb 准则可给出不同岩样泥岩三轴实验内聚力、摩擦角图,如图 2.9、图 2.10 所示。图 2.9 根据两块泥岩岩芯的应力-应变曲线结果绘制,可基本反映泥岩的剪切力学性质。图 2.10 根据泥岩和粉砂岩的应力-应变曲线结果绘制,可反映泥质粉砂岩的剪切力学性质。

从两图中可以看出,泥岩的内聚力为 5.05 MPa,内摩擦角为 40.5°;泥质粉砂岩的内聚力为 18.57 MPa,内摩擦角为 28.6°。泥岩的黏聚力小、内摩擦角大。第一批岩样的物理力学实验结果如表 2.3 所示。

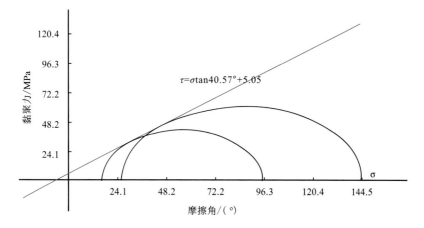

图 2.9 M11 井 1-5#、1-6# 岩样内聚力、摩擦角

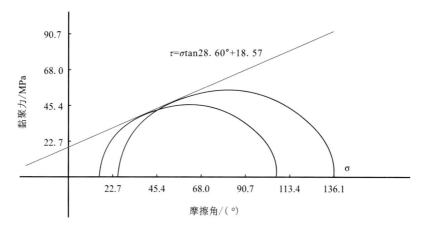

图 2.10 M111 井 1-9#、1-11# 岩样内聚力、摩擦角

表 2.3 岩石力学参数测定结果

岩样编号	井号	围压/MPa	泊松比	弹性模量/MPa	剪切模量/MPa	抗压强度/MPa	抗剪强度参数	
							内聚力/MPa	内摩擦角/(°)
1-2		15.6	0.448	7 705.5	660.7	60.1	—	—
1-5	M11	26.0	0.211	13 650.6	5 636.1	118.7	5.05	40.57
1-6		15.6	0.455	7 869.3	2 704.2	80.0		
1-8		26.0	0.374	12 812.8	4 662.6	92.0	—	—
1-9	M111	26.0	0.341	14 877.5	5 547.2	110.3	18.57	28.60
1-11		15.6	0.393	9 607.9	3 448.6	91.2		

2.2.3 岩石应力敏感性实验

图 2.11~图 2.13 分别为 1-1#、1-3# 和 1-10# 岩芯的应力敏感性测试结果,实验是通过固定围压、调整孔压的方法考察渗透率随有效压力变化的规律。实验过程中,由于 1-4# 岩芯为泥岩岩样,渗透率很低,只有 0.005 mD,在

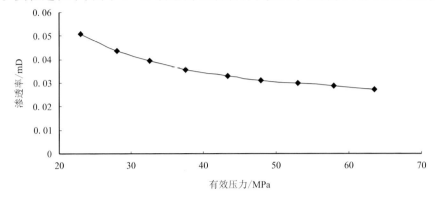

图 2.11　1-1# 岩芯渗透率随有效压力变化曲线

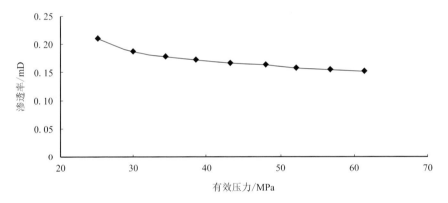

图 2.12　1-3# 岩芯渗透率随有效压力变化曲线

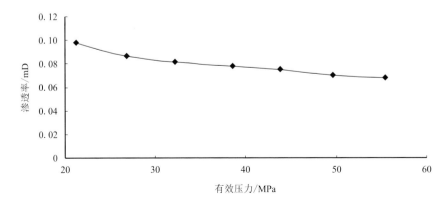

图 2.13　1-10# 岩芯渗透率随有效压力变化曲线

在有效应力增加之后,渗透率几乎为零,很难准确得到应力敏感性曲线。从测试曲线看,岩芯渗透率随有效压力增加而降低,而且降低幅度较大。

2.2.4　不同含水情况下的泥岩力学实验

第二批岩芯是来自 S381 和 S382 井的 10 块岩芯(图 2.14),其中,2-3#、2-7#、2-9# 岩芯为纯泥岩岩芯,2-1# 和 2-5# 为粉砂质泥岩,其他岩芯为泥质粉砂岩或粉砂岩。为测定岩芯的吸水能力,根据《岩石力学实验规程》泡水 1 d、3 d、5 d,再分别进行抗压强度实验与蠕变实验。进行泡水的试样先称重,烘干冷却后再称重,然后放入水中浸泡相应的时间,擦干后称量吸水后的质量,并计算出不同泡水时间的含水率(图 2.15)。将试样放入抽真空的容器中浸泡规定的时间得到其饱和含水率。表 2.4 所示为泥岩浸水实验的基本资料。

泥岩强度和蠕变实验所用的实验仪器为中国科学院武汉岩土力学研究所研制的 XTR01 型微机控制高温高压流变仪。取芯深度为 1 700~2 100 m,泥岩在自然状态下的含水率通常小于 2%,弹性模量可达 10~30 GPa,单轴抗压强

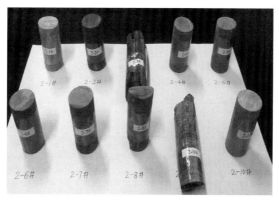

图 2.14　S381、S382 井所取岩芯

图 2.15　泥岩泡水试样

表 2.4　试样基本数据表

井名	编号	泡水时间/d	自然质量/g	烘干质量/g	自然含水率/%	泡水后质量/g	泡水后含水率/%
S382	2-1#	1	52.87	52.28	1.12	54.29	3.85
	2-3#	1	54.93	55.57	1.15	57.85	4.10
	2-5#	1	56.51	55.90	1.09	58.27	4.23
	2-2#	1	48.29	47.82	0.98	49.27	3.03
	2-4#	1	55.68	55.12	1.02	56.38	2.29
	2-6#	1	56.94	56.33	1.07	57.61	2.27
S381	2-7#	3	54.10	53.51	1.10	55.84	4.35
	2-8#	3	52.11	51.81	1.01	52.69	2.97
	2-9#	3	57.05	56.32	1.29	59.68	5.97
	2-10#	3	55.58	54.16	0.97	58.74	3.13

度可以达到 30 MPa 以上。为了研究含水率对泥岩基本力学特性的影响，分别选取 2-1#、2-3#、2-5# 岩芯开展不同含水率下泥岩单轴抗压强度实验。

图 2.16、图 2.17 为对 3 组泥岩试样进行抗压强度实验后得到的泥岩弹性模量和单轴抗压强度随含水率的变化关系曲线。

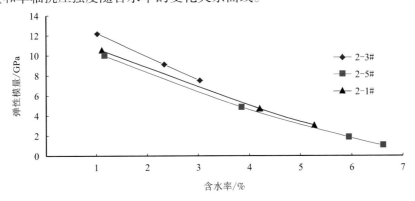

图 2.16　泥岩弹性模量随含水率变化

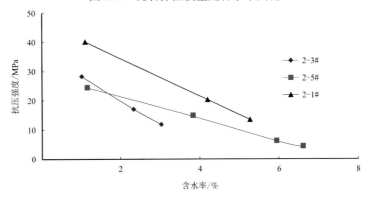

图 2.17　泥岩抗压强度随含水率变化

从图中可以看出，纯泥岩岩芯的弹性模量随含水率变化下降最快，其次是

2-5# 和 2-3# 岩芯，也就是说泥质含量越高，遇水后弹性模量下降越快，这也是泥岩遇水软化的主要特征之一。从图 2.17 中同样可以看出，泥岩遇水之后，抗压强度急剧下降。

通过轴向压缩实验发现，随着含水率的增加，泥岩力学参数会发生巨大的变化，抗压强度和弹性模量迅速降低。研究表明，大庆油田泥岩中含有大量水敏性很强的黏土矿物，如蒙脱石、伊利石等，当泥岩层浸水后，会发生吸水膨胀、软化。泥岩内的黏土表面带有负电荷，可吸收水分子，降低其表面能，同时使层间间距增大，当水进入蒙脱石等的晶层间时，其体积可增加一倍，减小了颗粒间的引力，使黏土的强度下降，含水率越高，粒子间的引力越小，抗压强度越低。图 2.18 为泡水后泥岩试样破坏图片。

图 2.18　泥岩强度破坏图片

分别对 S381 井取得的 2-7#、2-8# 和 2-9# 岩芯进行相同压力情况下不同含水率试样的蠕变实验。图 2.19 是 2-7# 泥岩在 3 种不同含水率下的蠕变实验曲线，实验中偏应力均为 10 MPa。

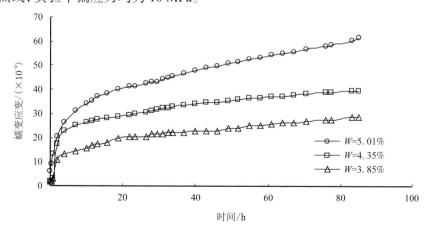

图 2.19　不同含水率下的泥岩蠕变曲线(2-7# 岩芯)

图 2.20 为 2-9# 泥岩岩芯在不同含水率下的蠕变实验曲线，蠕变实验分两

级进行。实验开始保持偏应力为 5 MPa,待蠕变达到稳定后,再保持偏应力为 10 MPa,进行第 2 级蠕变实验。

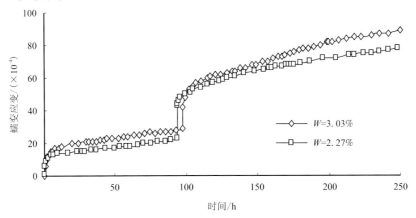

图 2.20　不同含水率下的泥岩蠕变曲线(2-9# 岩芯)

从上述两组泥岩的不同含水率试样的蠕变实验曲线中,都可以看出,在相同的外载荷条件下,随着含水率的增加,泥岩的蠕变变形增加。图 2.21 为泥岩蠕变实验中,稳态蠕变率与含水率的关系曲线。

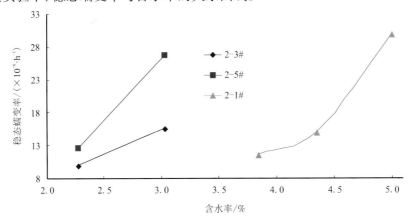

图 2.21　泥岩稳态蠕变率与含水率关系曲线

泥岩稳态蠕变率与含水率的关系曲线说明,含水率的增大对泥岩的蠕变应变和稳态蠕变率的影响很大。通常,在自然状态或者含水率低于 2% 的情况下,泥岩的蠕变特性并不明显,稳态蠕变率低于 10×10^{-6}/h,但是,随着含水率的增大,蠕变变形和稳态蠕变率迅速增加,当含水率超过 5% 时,稳态蠕变率大于 30×10^{-5}/h,蠕变应变接近 100×10^{-4}。这是因为泥岩内的黏土矿物吸水后,内黏聚力和强度迅速降低,表现出较强的流变特性。

图 2.22 为 2-1# 泥岩保持同一含水率三级蠕变实验后,在不同偏应力下的稳态蠕变率关系曲线。从图中可以看出,随着偏应力的增大,其稳态蠕变率增

大,可以认为偏应力与稳态蠕变率之间存在幂指数关系。偏应力的增加,加快了层间弱面的闭合和裂隙的产生,导致蠕变速度加快。

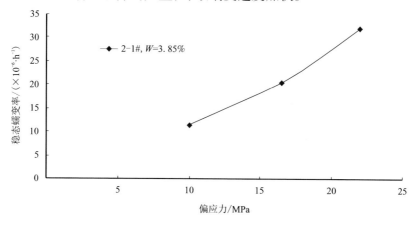

图 2.22　泥岩稳态蠕变率与偏应力关系曲线

通过以上岩石物理力学性质实验,可以得到以下结论:

(1) 泥岩在天然状态下的含水率很低,强度较高,一旦泥岩进水后,随着含水率的增大,泥岩的抗压强度和弹性模量迅速降低。

(2) 在相同的压力作用下,泥岩的蠕变变形随着含水率的增大而增加,蠕变速率也随着含水率的增大显著加快。

(3) 泥岩在整个吸水过程中,吸水速率随时间变化,吸水初期比较快,随着时间增加,吸水速率变慢,并趋于常数。

(4) 吸水特征曲线可用分段函数来表示,即减速吸水阶段的负指数函数和等速吸水阶段的线性函数。

(5) 泥岩几何形状、大小、分布及其相互连通关系,决定其吸水量的大小和吸水快慢。孔隙度大的岩样吸水量大,吸水速率相对较高;孔隙率小的岩样吸水量小,吸水速率相对较低。孔隙通道有效半径大,吸水速率相对较高;孔隙通道有效半径小,吸水速率相对较低。

油田开发过程中,应减少泥岩浸水量,一旦泥岩浸水,其力学性质迅速弱化,而且渗透性有所提高,一方面会使泥岩浸水量增加,另一方面,泥岩蠕变可能引起套管变化。

第3章 注入流体渗漏及窜流的数学模型及敏感性分析

为揭示窜流、渗漏现象的力学机理,本章基于连续介质理论,建立相应的地下渗流的流固耦合数学模型。主要包括渗流场方程、应力场方程、流固耦合方程及渗流-损伤耦合方程等。为了揭示各因素(包括注采参数和地层参数两类)对窜流、渗漏的影响,本章通过数值实验的方法,对影响因素进行敏感性分析。

3.1 注入流体渗漏及窜流的影响因素分析

渗流是指流体在多孔介质中的流动。多孔介质内部孔隙空间非常复杂的几何形状,以及流体在多孔介质中流动规律的复杂性,使得渗流现象不可能用很精确的数学表达式来描述。因此,将真实的多孔介质系统用理想的连续系统来代替,以便在这个连续介质系统中,多孔介质的性质以及其中流体的性质都能够用连续方程来定义。将地下多种复杂结构视为多孔连续介质,在此基础上研究高压注水开采过程中的窜流及渗漏问题。

在高压注水开采过程中,有效应力与孔隙压力的耦合作用会导致岩石孔隙度及渗透率发生改变,而对于低渗透油藏,孔隙体积的微小变化都会引起储层渗透性发生改变。在此过程中,如果弱渗透隔夹层的渗透性变化显著,就有可能成为注入流体的窜流途径,引发窜流现象;另外在有效应力作用下,骨架体积发生变化,孔隙度改变,储层能够容纳的流体体积也会发生改变。因次,可将储层-隔/夹层视为饱和多孔介质,依据有效应力原理建立有效应力与孔隙度与渗透率的演化关系,并分析其所造成的窜流现象。

另一方面,在隔层发生塑性损伤的过程中,渗透率伴随塑性损伤的产生而发生改变。因此可建立渗流-损伤耦合模型,分析在隔夹层出现塑性损伤破坏时,油藏内部的窜流、渗漏现象。

此外,还需要考虑诸多其他因素的影响,比如岩石的压缩性。岩石的压缩性对渗流过程主要存在着两方面的影响:第一,流体压力的变化会引起孔隙的大小发生相应变化,具体表现为,孔隙度可以表示为随压力而变化的状态函数;第二,孔隙大小发生的变化也会反过来引起渗透率发生相应变化。

同时,由于注水开采过程复杂,涉及的参数众多,而这些参数与现场施工、地质情况是相互联系的,比如注水压力、弹性模量、黏聚力等。然而哪种因素更易引起窜流、渗漏现象的发生却不得而知。同时由于各种物性参数之间往往相互联系、同时变化,单因素影响分析不能满足研究目的。

本章通过建立多参数相互影响的窜流敏感性分析系统解决这一问题。通过拉丁超立方法对各参数进行抽样,然后运用有限元分析方法采用参数抽样结果进行实验分析,得出每组参数对应的窜流量,最终计算出各组抽样结果及与其对应的有限元计算结果的 Spearman 秩相关系数,并以此确定各参数对于窜流量的影响度大小。注采压力、井距及地层各项物性参数均作为随机变量参与抽样。

3.2　注入流体渗漏及窜流的数学模型

基于以上对窜流、渗漏力学机理的认识,考虑渗流对储层及隔夹层岩石的损伤作用,基于流固耦合理论,建立注入表征流体窜流、渗漏的数学模型。其主要包括以下几组方程:① 渗流场数学方程;② 岩体应力场数学方程;③ 岩体渗流-损伤耦合方程。

3.2.1　渗流场数学方程

已有研究表明,对于低渗透岩石,其渗流为非线性渗流,存在明显的启动压力梯度,而且渗透率越低,启动压力梯度越大。这一基本规律已为国内外同行所认可。

考虑启动压力梯度的低渗透非线性渗流方程为

$$V = \frac{K}{\mu}\left(\frac{\mathrm{d}p}{\mathrm{d}L} - \mathrm{TPG}\right) \tag{3.1}$$

式中,V——渗流速度;

　　K——渗透率;

　　TPG——启动压力梯度;

　　μ——流体黏度;

　　p——流体压力;

　　L——流程长度。

将其推广到三维形式,则

$$\begin{cases} V_x = -\dfrac{K_{xx}}{\mu}\dfrac{\partial p}{\partial x} - \dfrac{K_{xy}}{\mu}\dfrac{\partial p}{\partial y} - \dfrac{K_{xz}}{\mu}\left(\dfrac{\partial p}{\partial z} + \rho g\right) \\[2mm] V_y = -\dfrac{K_{yx}}{\mu}\dfrac{\partial p}{\partial x} - \dfrac{K_{yy}}{\mu}\dfrac{\partial p}{\partial y} - \dfrac{K_{yz}}{\mu}\left(\dfrac{\partial p}{\partial z} + \rho g\right) \\[2mm] V_z = -\dfrac{K_{zx}}{\mu}\dfrac{\partial p}{\partial x} - \dfrac{K_{zy}}{\mu}\dfrac{\partial p}{\partial y} - \dfrac{K_{zz}}{\mu}\left(\dfrac{\partial p}{\partial z} + \rho g\right) \end{cases} \tag{3.2}$$

其中, 渗透率 $\boldsymbol{K}$ 是 2 阶张量, 写成矩阵形式为

$$\boldsymbol{K} = \begin{pmatrix} K_{xx} & K_{xy} & K_{xz} \\ K_{yx} & K_{yy} & K_{yz} \\ K_{zx} & K_{zy} & K_{zz} \end{pmatrix} \tag{3.3}$$

由于液体具有压缩性, 随着压力降低, 体积发生膨胀, 同时释放弹性能量, 出现弹性力。弹性液体状态变化方程为

$$\rho = \rho_0 \left[1 + C_\rho (p - p_0) \right] \tag{3.4}$$

式中, C_ρ——流体压缩系数;

$\quad p_0$——大气压力;

$\quad \rho_0$——大气压力下流体的密度;

$\quad \rho$——任一压力 p 时流体的密度。

岩石的压缩性对渗流过程有两方面的影响: 一方面压力变化会引起孔隙大小变化, 表现为孔隙度是随压力而变化的状态函数; 另一方面则是由于孔隙大小变化引起渗透率的变化。

由于岩石具有压缩性, 当压力变化时, 岩石的固体骨架体积会压缩或者膨胀, 这同时也反映在岩石孔隙体积发生变化上。因而可将岩石的压缩性看成孔隙度随压力发生变化。岩石状态方程为

$$\phi = \phi_0 + C_\phi (p - p_0) \tag{3.5}$$

式中, C_ϕ——岩石压缩系数;

$\quad \phi$——压力为 p 时的孔隙度;

$\quad \phi_0$——大气压力下的孔隙度。

考虑塑性变形的孔隙介质状态方程为

$$\frac{\mathrm{d}\phi}{\mathrm{d}t} = \beta'_c \frac{\mathrm{d}p}{\mathrm{d}t} \tag{3.6}$$

渗流过程必须遵循质量守恒定律, 又称连续性假设。这个定律一般可以描述为: 在地层中任取一个微小的单元体, 在单元体内若没有源和汇存在, 那么包含在单元体封闭表面之内的液体质量变化应等于同一时间间隔内液体流

入质量与流出质量之差。在流场内任取一个控制体 Ω，该控制体内有多孔固体介质，其孔隙度为 ϕ。多孔介质被流体所饱和。包围控制体的外表面为 σ。在外表面 σ 上任取一个面元为 $\mathrm{d}\sigma$，其外法线方向为 $\boldsymbol{n}$，通过面元 $\mathrm{d}\sigma$ 的渗流速度为 $\boldsymbol{V}$，于是单位时间内通过面元 $\mathrm{d}\sigma$ 的质量为 $\rho\boldsymbol{V}\cdot\boldsymbol{n}\mathrm{d}\sigma$，因而通过整个外表 σ 流出流体的总质量为

$$\oiint_{\sigma} \rho\boldsymbol{V}\cdot\boldsymbol{n}\mathrm{d}\sigma \tag{3.7}$$

另一方面，在控制体 Ω 中任取一个体元 $\mathrm{d}\Omega$，由于非稳态性引起密度随时间变化，这一变化使 $\mathrm{d}\Omega$ 的质量增加率为 $(\partial(\rho\phi)/\partial t)\,\mathrm{d}\Omega$，因而整体控制体 Ω 内质量增加率为

$$\int_{\Omega} \frac{\partial(\rho\phi)}{\partial t}\mathrm{d}\Omega \tag{3.8}$$

此外，若控制体内有源或汇分布，其强度(即单位时间内由单位体积产生或吞没的流体体积)为 q，其量纲为 $[\mathrm{T}^{-1}]$，则单位时间内体元 $\mathrm{d}\Omega$ 产生或吞没的流体质量为 $q\rho\mathrm{d}\Omega$。因而单位时间内整个控制体 Ω 由源或汇分布产生或吞没的流体质量为

$$\int_{\Omega} q\rho\mathrm{d}\Omega \tag{3.9}$$

根据质量守恒定律，控制体 Ω 内流体质量增量应等于源分布产生的质量减去通过表面积 σ 流出的流体质量，即

$$\int_{\Omega} \frac{\partial(\rho\phi)}{\partial t}\mathrm{d}\Omega = \int_{\Omega} q\rho\mathrm{d}\Omega - \oiint_{\sigma} \rho\boldsymbol{V}\cdot\boldsymbol{n}\mathrm{d}\sigma \tag{3.10}$$

由高斯公式，有

$$\oiint_{\sigma} \rho\boldsymbol{V}\cdot\boldsymbol{n}\mathrm{d}\sigma = \int_{\Omega} \nabla\cdot(\rho\boldsymbol{V})\mathrm{d}\Omega \tag{3.11}$$

代入式(3.10)，有

$$\int_{\Omega} \left(\frac{\partial(\rho\phi)}{\partial t} + \nabla\cdot(\rho\boldsymbol{V}) - q\rho\right)\mathrm{d}\Omega = 0 \tag{3.12}$$

所以，有微分形式的连续性方程：

$$\frac{\partial(\rho\phi)}{\partial t} + \nabla\cdot(\rho\boldsymbol{V}) = q\rho \tag{3.13}$$

3.2.2 应力场数学方程

1923 年，Terzaghi 通过对松散的结构体进行研究，提出了有效应力的概念和形式，后来该原理又相继被 Robinson、Skemption、Handin 等作了修正，其表

达式为

$$\sigma'_{ij} = \sigma_{ij} - \alpha p \delta_{ij} \tag{3.14}$$

式中, σ'_{ij}——张量;

$\quad\quad \sigma_{ij}$——总应力张量;

$\quad\quad p$——孔隙压力;

$\quad\quad \delta_{ij}$——Kroneker 符号;

$\quad\quad \alpha$——有效应力系数(biot)系数或者等效孔隙压缩系数。

α 反映了有效应力与孔隙压力之间的相互关系,其值取决于岩石孔隙、裂隙的发育程度。$\alpha=1$,即为 Terzaghi 有效应力原理的最初形式,后人的修改只是针对系数 α 值的大小。

在弹性力学中,以应力表示应变的广义胡克定律为

$$\begin{cases} \varepsilon_x = \dfrac{\sigma_x}{E} - \dfrac{\mu}{E}(\sigma_y + \sigma_z); \gamma_{yz} = \dfrac{\tau_{yz}}{G} \\[2mm] \varepsilon_y = \dfrac{\sigma_y}{E} - \dfrac{\mu}{E}(\sigma_z + \sigma_x); \gamma_{zx} = \dfrac{\tau_{zx}}{G} \\[2mm] \varepsilon_z = \dfrac{\sigma_z}{E} - \dfrac{\mu}{E}(\sigma_x + \sigma_y); \gamma_{xy} = \dfrac{\tau_{xy}}{G} \end{cases} \tag{3.15}$$

式中, E——弹性模量;

$\quad\quad \mu$——泊松比;

$\quad\quad G$——剪切模量, $G = \dfrac{E}{2(1+\mu)}$。

采用 Mohr-Coulomb 准则作为岩土体的屈服准则。其 Coulomb 形式为

$$f = \tau - \sigma \tan\varphi - c = 0 \tag{3.16}$$

式中, σ——剪切面上的正应力;

$\quad\quad \tau$——剪切面上的剪应力;

$\quad\quad c$、φ——屈服和破坏参数,即材料的黏聚力和内摩擦角。

考虑塑性状态下,岩体的弹塑性本构方程为

$$\{\mathrm{d}\sigma\} = \left[\boldsymbol{D}^{\mathrm{e}} - \dfrac{\boldsymbol{D}^{\mathrm{e}} \left\{ \dfrac{\partial Q}{\partial \sigma} \right\} \left\{ \dfrac{\partial \phi}{\partial \sigma} \right\}^{\mathrm{T}} \boldsymbol{D}^{\mathrm{e}}}{A + \left\{ \dfrac{\partial \varphi}{\partial \sigma} \right\}^{\mathrm{T}} \boldsymbol{D}^{\mathrm{e}} \left\{ \dfrac{\partial Q}{\partial \sigma} \right\}} \right] \mathrm{d}\{\varepsilon\} \tag{3.17}$$

式中, σ——应力张量;

$\quad\quad \varepsilon$——应变张量;

$\quad\quad \boldsymbol{D}^{\mathrm{e}}$——弹性矩阵;

$\quad\quad \varphi$——加载函数;

$\quad\quad Q$——塑性势函数;

A——硬化模量。

由于是对地下空间结构进行分析,所以还需要考虑地应力的影响。主要考虑由重力构成的地应力的影响。重力应力中垂向应力可由海姆公式得出,水平方向产生的应力分量可由金尼克公式得出,即

$$\sigma_V = \sum_{i=1}^{n} \gamma_i h_i \tag{3.18}$$

式中, σ_V——垂向应力;

γ_i——某分层岩石的密度;

h_i——某分层的厚度。

$$\sigma_{hv} = \lambda (\sigma_V - \alpha p) \approx \frac{\mu}{1-\mu} (\sigma_V - \alpha p) \tag{3.19}$$

式中, σ_{hv}——垂向应力;

λ——侧压系数;

α——Biot 系数;

μ——泊松比。

3.2.3 渗流−损伤耦合方程

本节首先建立孔隙度及渗透率随有效应力动态演化模型,并给出渗透率随有效应力变化的工程经验公式;同时建立考虑岩石塑性损伤破坏的渗流−损伤模型。

1. 孔隙度、渗透率演化方程

储层饱和多孔介质有效应力定义如下:

$$\sigma* = \sigma + u_w \boldsymbol{I} \tag{3.20}$$

式中, $\sigma*$——有效应力;

σ——总应力;

u_w——孔隙压力;

$\boldsymbol{I}$——张量矩阵。

孔隙度定义为

$$e = \frac{V - V_s}{V} \tag{3.21}$$

式中, V_s——骨架体积;

V——岩石体积;

e——孔隙度。

　　随着孔压和温度的改变，孔隙度由初始状态 $e_0(P_0, T_0)$ 处于当前状态 $e(P, T)$，此时岩石会产生体积应变 ε_{v}，设岩土总体积改变量为 ΔV，则有

$$\Delta V = V \cdot \varepsilon_{\mathrm{v}} \tag{3.22}$$

其中，ε_{v} 的定义为

$$\varepsilon_{\mathrm{v}} = \frac{\Delta V}{V} = \varepsilon_x + \varepsilon_y + \varepsilon_z \tag{3.23}$$

　　岩石总体积的变化由孔隙体积的变化和岩石骨架体积的变化组成，并认为骨架体积的变化完全归因于岩石颗粒的热膨胀，即

$$\Delta V_{\mathrm{s}} = V_{\mathrm{s}} \gamma (T - T_0) \tag{3.24}$$

式中，ΔV_{s}——骨架体积改变量；

　　　γ——热膨胀系数。

　　则新的孔隙度表达式为

$$e = \frac{(V + \Delta V) - (V_{\mathrm{s}} + \Delta V_{\mathrm{s}})}{V} \tag{3.25}$$

　　将式(3.22)代入式(3.25)，可得

$$e = \frac{1}{1 + \varepsilon_{\mathrm{v}}} \left(\frac{V - V_{\mathrm{s}}}{V} + \varepsilon_{\mathrm{v}} - \frac{\Delta V_{\mathrm{s}}}{V} \right) \tag{3.26}$$

　　将式(3.23)代入式(3.26)，得

$$e = \frac{1}{1 + \varepsilon_{\mathrm{v}}} \left(e_0 + \varepsilon_{\mathrm{v}} - \frac{\Delta V_{\mathrm{s}}}{V} \right) \tag{3.27}$$

　　将式(3.24)代入式(3.26)，得

$$e = \frac{1}{1 + \varepsilon_{\mathrm{v}}} \left[e_0 + \varepsilon_{\mathrm{v}} - \frac{V_{\mathrm{s}} \gamma (T - T_0)}{V_{\mathrm{s}}} \right] \tag{3.28}$$

　　等温条件下，$T = T_0$，所以式(3.28)化简为

$$e = \frac{1}{1 + \varepsilon_{\mathrm{v}}} (e_0 + \varepsilon_{\mathrm{v}}) \tag{3.29}$$

式中，e_0——初始孔隙度。

　　渗透率与体积应变的关系则可以通过 Kozeny-Carman 方程导出。Kozeny-Carman 基于毛细管束模型，首次建立了渗透率与孔隙度、比表面、形状因子和迂曲度间的相互关系，提出渗透率方程：

$$K = \frac{\phi}{K_z S_{\mathrm{p}}^2} \tag{3.30}$$

　　其中，

$$\begin{cases} S_{\mathrm{p}} = \dfrac{A_{\mathrm{s}}}{V_{\mathrm{p}}} \\ K_z \approx 5 \end{cases} \tag{3.31}$$

式中，A_s——岩土颗粒总面积；

$\quad$ S_p——比表面积；

$\quad$ V_p——孔隙体积；

$\quad$ K_z——Kozeny 常数，是孔隙介质形状因子 I_0 和迂曲度 $[(L_e/L)^2]$ 的函数；

$\quad$ L_e——流体通过的真实长度；

$\quad$ L——多孔介质宏观长度，$K_z = I_0(L_e/L)^2$，当 K_z 取 5 时，公式计算结果与实验结果相一致。

初始状态 (P_0, T_0) 的渗透率为

$$K_0 = \frac{\phi_0}{K_z S_{p_0}^2} \tag{3.32}$$

式中，$S_{p_0} = A_{s_0}/V_{p_0}$。

当由初始状态变化到状态 (P, T) 时，岩土总体积和单个颗粒的累计体积发生的变化分别为 ΔV 和 ΔV_r，颗粒表面积发生的变化为 ΔA_s，假设岩土颗粒的体积和表面积的变化仅由热胀冷缩而引起，并认为颗粒是球形的，则可以计算出颗粒半径的变化，进而求出表面积的变化，即

$$\Delta A_s = n\frac{8}{3}\pi r^2 \gamma \Delta T \tag{3.33}$$

式中，假定颗粒具有均匀而恒定的初始半径，而且每单位孔隙体积中有 n 个颗粒。

表面积的增量 ΔA_s 用系数 S_1 表示，即

$$A_s = A_{s_0}(1 + S_1) \tag{3.34}$$

岩土颗粒体积的变化可以表示为

$$\Delta V = V \cdot \gamma \Delta T \tag{3.35}$$

则岩土总体积的变化减去热膨胀项就是孔隙体积的变化，得

$$\Delta V_p = \Delta V - \Delta V_s \tag{3.36}$$

因此，孔隙度演化方程可写为

$$e = \frac{V_p + (\Delta V - \Delta V_s)}{V + \Delta V} \tag{3.37}$$

比表面演化方程为

$$S_p = \frac{A_{s_0}(1 + S_1)}{V_p + (\Delta V - \Delta V_r)} \tag{3.38}$$

渗透率与原始渗透率的比值为

$$\frac{K}{K_0} = \frac{\dfrac{e}{K_z}}{\dfrac{e_0}{K_z S_{p_0}^2}} = \frac{e S_{p_0}^2}{e_0 S_p^2} \tag{3.39}$$

将式(3.37)、式(3.38)代入式(3.39)并整理,得

$$\frac{K}{K_0} = \frac{V_p + \Delta V_p}{V + \Delta V} \cdot \frac{(V_p + \Delta V_p)^2}{A_{s_0}^2 (1 + S_1)^2} \cdot \frac{V}{V_p} \cdot \frac{A_{s_0}^2}{V_p^2} \tag{3.40}$$

而总体积的变化可直接由体积应变得到,即

$$\Delta V = \varepsilon_v V \tag{3.41}$$

将式(3.41)代入式(3.40),得

$$\frac{K}{K_0} = \frac{1}{1 + \varepsilon_v} \cdot \frac{1}{(1 + S_1)^2} \cdot \left(\frac{V_p + \Delta V_p}{V_p} \right)^3 \tag{3.42}$$

由式(3.35)、式(3.36)及式(3.41),得

$$\Delta V_p = \varepsilon_v \cdot V - (V - V_p) \gamma \Delta T \tag{3.43}$$

因此,有

$$V_p + \Delta V_p = V_p (1 + \gamma \Delta T) + V(\varepsilon_v - \gamma \Delta T) \tag{3.44}$$

则

$$\frac{V_p + \Delta V_p}{V_p} = 1 + \frac{\varepsilon_v}{e_0} - \frac{\gamma \Delta T (1 - e_0)}{e_0} \tag{3.45}$$

将式(3.45)代入式(3.42),得

$$\frac{K}{K_0} = \frac{1}{(1 + \varepsilon_v)(1 + S_1)^2} \cdot \left[1 + \frac{\varepsilon_v}{e_0} - \frac{\gamma \Delta T (1 - e_0)}{e_0} \right]^3 \tag{3.46}$$

考虑到表面积变化可以忽略,则有 $S_1 \approx 0$,则将式(3.46)化简为

$$\frac{K}{K_0} = \frac{1}{(1 + \varepsilon_v)} \cdot \left[1 + \frac{\varepsilon_v}{e_0} - \frac{\gamma \Delta T (1 - e_0)}{e_0} \right]^3 \tag{3.47}$$

忽略整个过程中的热效应,则可得等温渗流条件下渗透率与体积应变之间的关系式为

$$K = \frac{K_0}{1 + \varepsilon_v} \left(1 + \frac{\varepsilon_v}{e_0} \right)^3 \tag{3.48}$$

2. 渗流-损伤耦合方程

隔层在没有变形前,材料完好,随着塑性变形的发展,受损材料所占比例逐渐增大,隔层的变形以塑性变形为主,损伤变量只与塑性变形的历史有关;损伤变量的变化率随塑性变形的发展有逐渐减缓的趋势。

隔层岩石的塑性本构采用 Mohr-Coulomb 准则。岩石的损伤会影响岩石的有效抗剪强度参数 $c*$、$\varphi*$，因此 $c*$、$\varphi*$ 是损伤状态的函数。在损伤及孔隙水压的作用下，岩石破坏的 Mohr-Coulomb 准则用有效应力、孔隙水压力和有效抗剪强度表示为

$$\frac{\tau_n}{1-D} = c* + \frac{\sigma_n + Dp_w}{1-D}\tan\varphi* \tag{3.49}$$

式中，D——损伤变量；

　　$c*$——黏聚力；

　　$\varphi*$——内摩擦角。

设岩体单轴抗压强度为 σ_c，损伤后岩石的单轴抗压强度为 σ_c*，由摩尔-库仑准则抗剪强度参数与单轴抗压强度之间的关系可推导出

$$\sigma_c* = (1-D)\sigma_c = \frac{2c*\cos\varphi*}{1-\sin\varphi*} \tag{3.50}$$

当隔层单元的等效塑性应变超过极限塑性应变 ε_{pmax} 时，认为该单元因塑性畸变破坏。取损伤变量与等效塑性应变的关系满足一阶指数衰减函数，将等效塑性应变进行归一化，即

$$D = A_0 e^{-\varepsilon_{pn}/a} + B_0 \tag{3.51}$$

式中，ε_{pn}——等效塑性应变；

　　a——材料参数，可通过实验确定，a 值反映了损伤因子随塑性应变的演化速率；

　　A_0、B_0 由下式确定：

$$A_0 = \frac{1}{e^{-1/a}-1}; \qquad B_0 = -\frac{1}{e^{-1/a}-1} \tag{3.52}$$

在流固耦合体系中，固相为 $S = M + D$，未损伤固相为 M，损伤固相为 D，液相为 L。受损 D 组分不能承受剪切载荷，但固相中的 M 组分仍然可以承受剪切和静水压力，因此，材料总体可以承受载荷，只是承受的载荷能力降低了，相对于材料总体产生了一定的折减，即发生了损伤。设多孔介质的体积为 V，损伤部分的体积为

$$V_D = V(1-n)D \tag{3.53}$$

式中，n——岩石的孔隙度；

　　D——损伤变量。

在隔层塑性损伤过程中，渗透率伴随塑性损伤的产生而发生改变。不考虑变形对隔层非损伤部分的影响，按照渗透立方定律，隔层的渗透率按下式演化：

$$k = (1-D)k_M + Dk_D(1+\varepsilon_{vpF})^3 \tag{3.54}$$

式中，k_M——非损伤岩石的渗透率；

k_D——破裂岩石的渗透率；

ε_{vpF}——缺陷相的塑性体积应变。

由体积应变定义 $\varepsilon_v = \Delta V/V = \varepsilon_x + \varepsilon_y + \varepsilon_z$，若不考虑岩石由于温度变化而发生的体积膨胀，则有 $\Delta V = \Delta V_v$，由此可得等温渗流下孔隙度与体积应变之间的关系为

$$e = \frac{\varepsilon_v}{1 + \varepsilon_v} + \frac{e_0}{1 + \varepsilon_v} \tag{3.55}$$

假设隔层弹性变形时不会发生损伤，而塑性变形与损伤是同时出现的，故 ε_{vpF} 的计算公式为

$$\varepsilon_{vpF} = D\varepsilon_{vP} \tag{3.56}$$

式中，ε_{vP}——塑性体积应变。

3.3　考虑渗流–损伤的渗漏窜流敏感性分析

从力学机理分析看，注入流体渗漏窜流的影响因素多，各因素对渗漏窜流的影响程度不同。为了揭示各因素(包括注入参数和地层参数两类)对渗漏窜流的影响，下面通过数值实验的方法，对影响因素进行敏感性分析。

3.3.1　孔隙度、渗透率演化对渗漏窜流的影响分析

取研究区域为地下 1 000 m 处油层，模型上边界与盖层相接，并取上覆岩层压力 20 MPa/m，模型上边界为不透水边界；设储层厚度为 61 m，其中被隔层分隔的上部油藏层厚度为 20 m，顶层与储层间隔层厚 0.5 m，储层厚为 20 m，储层与底层间隔层厚 0.5 m，下部储层厚度为 20 m，其中只对中部油层进行注水开采；其地层压力系数为 1.1，并忽略由于厚度变化而引起的压力变化，则储层内地层压力为 11 MPa；下边界为不透水边界，并约束竖直方向上的位移；井距为 100 m，只考虑一注一采时的情况。共有单元数 6 040 个，结点数 6 951 个。计算模型示意图如图 3.1 所示，其他物性参数如表 3.1 所示。

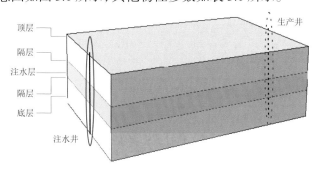

图 3.1　几何模型

表 3.1　储层及隔层物性参数

隔层及储层	弹性模量/GPa	泊松比	初始孔隙度	初始渗透率/mD
储层	2.3	0.2	0.50	10
隔层	2.3	0.2	0.01	1

储层及隔层孔隙度及渗透率随应变演化曲线分别由式(3.29)及式(3.48)给出,演化曲线如图 3.2~图 3.5 所示。对照组物性参数只采用动态演化组的初始计算数据,计算过程中不考虑动态演化过程。

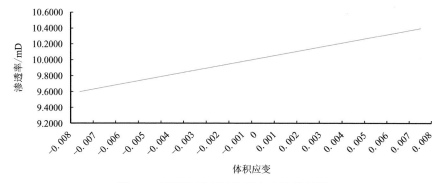

图 3.2　储层渗透率随体积应变演化结果

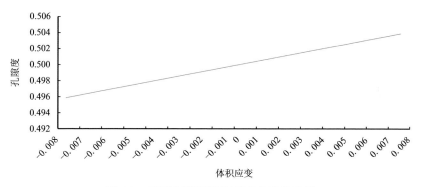

图 3.3　储层孔隙度随体积应变演化结果

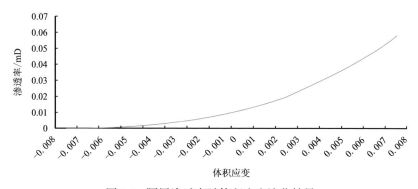

图 3.4　隔层渗透率随体积应变演化结果

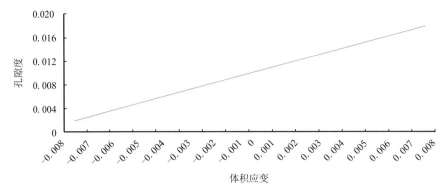

图 3.5　隔层孔隙度随体积应变演化结果

对比图 3.2 与图 3.4 可以发现,当初始渗透率较小时,渗透率对体积应变敏感度相对较高。

注水 10 年后,有效应力与孔隙度、渗透率之间耦合关系模型中,储层中部渗透率最大达到 10.300 mD,初始渗透率为 10.000 mD,变化幅度不大;隔层渗透率为 0.039 mD,初始渗透率为 0.010 mD,增加幅度接近 4 倍(图 3.6、图 3.7)。

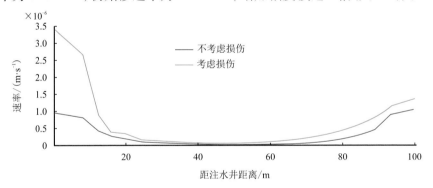

图 3.6　注水 10 年后隔层内流速分布曲线

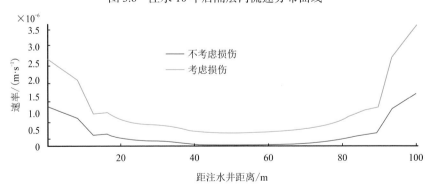

图 3.7　注水 10 年后储层内流速分布曲线

图 3.8 和图 3.9 显示,在耦合作用下储层孔隙度最高为 0.508,而初始孔隙度为 0.500,变化不大;隔层孔隙度最大为 0.016,而初始值为 0.008,变化幅度

在 50% 以上。说明考虑耦合作用时,孔隙度的应力敏感性不及渗透率的应力敏感性高。在高压注水条件下,骨架有效应力减小,储层孔隙度变化不如渗透率变化显著,且增加幅度较小;而对于隔层,孔隙度与渗透率均有明显变化,且渗透率变化非常明显。

考虑有效应力与孔隙度、渗透率的耦合作用时,弱渗隔层渗透率及孔隙度对有效应力敏感度较高,这样注入流体就有可能沿着隔层流窜进入上下层,并且在高注水压力作用下,这种现象将会显得十分明显,从而隔层会成为注入流体的一个窜流通道,使注入流体无法达到预期驱替效果,影响注水开发效率。

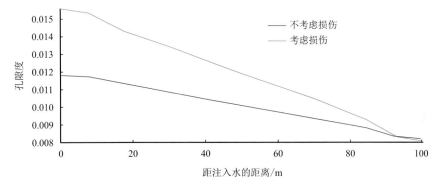

图 3.8　注水 10 年后隔层孔隙度分布曲线

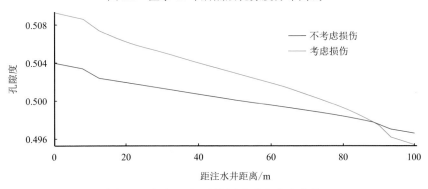

图 3.9　注水 10 年后储层孔隙度分布曲线

通过进一步计算得出,在现有模型尺度下,有效应力-渗透率耦合模型注水 10 年中的总窜流量比普通模型多 3.9 m³,即相当于 1 km² 注水面积就会有 350 m³ 窜流量,进一步说明在实际油藏生产过程中一旦发生这些情况的窜流,注入水的流失将是十分严重的。因此在注水时必须控制好注水压力,减少高压注入流体对夹层的影响,以达到防治夹层窜流的目的。

经计算得到,连续注水 10 年后,一般模型下窜流量为 354.0 m³,耦合模型下窜流量为 357.5 m³,即相当于 1 km² 注水面积内窜流量达 583.3 m³,如果在整个油藏中进行考虑,那么这个窜流量的差异将是明显的。由以上分析知隔层的塑性损伤将改变隔层的渗透性,损伤后的隔层将成为注入流体窜流途径,影响注水开发效果。因此,在实际注水开采过程中,应当采取相应措施避免层间压差过大而引起的隔层塑性破坏。

3.3.2 隔夹层损伤对渗漏窜流的影响分析

计算模型示意图见图 3.10。其中注水井压力为 15 MPa,采油井压力为 5 MPa,地层压力为 1.5 MPa,模型四周及底面约束轴向位移。模拟区域为 100 m×60 m×20 m。其中油藏顶层厚度为 4.9 m,顶层与储层间隔层厚 0.1 m,储层厚为 10 m,储层与底层间隔层厚 0.1 m,底层厚度为 4.9 m。整个区域有限元模型共有单元数 3 840 个,结点数 4 641 个。设射孔深度为 1 m,位于储层中间位置,方向与边界垂直。

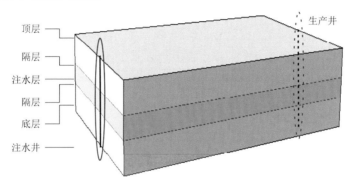

图 3.10　计算模型示意图

取注水边界正上方单元为研究对象,其损伤变量及渗透率随时间变化如图 3.11 及图 3.12 所示。在连续注水约 1 000 d 后开始产生塑性变形,然后塑性应变迅速增加,到 2 000 d 后趋于稳定。在此过程中,隔层渗透性的变化趋势与其损伤因子保持一致。取最小井距间各结点为研究对象,其注水 10 年后渗透率与损伤变量分别如图 3.13 及图 3.14 所示。显示注水 10 年后,在注水井 80 m

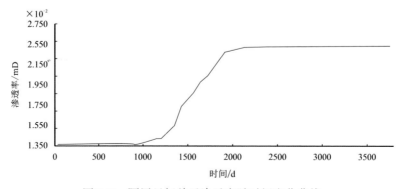

图 3.11　隔层目标单元渗透率随时间变化曲线

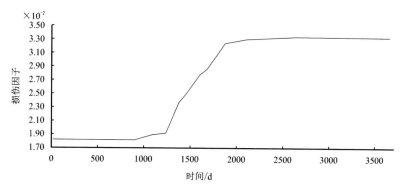

图 3.12　隔层目标单元损伤因子随时间变化曲线

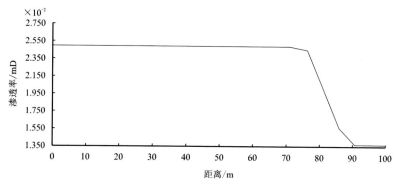

图 3.13　最短井距上注水 10 年后隔层渗透率曲线

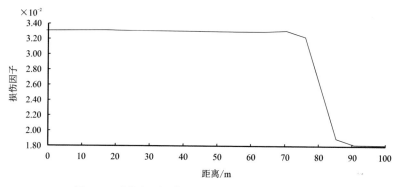

图 3.14　隔层目标单元损伤因子随时间变化曲线

范围内的隔层损伤指标均相对较高,其损伤因子达到 2.5×10^{-2};而 $80 \sim 90 \, \mathrm{m}$ 范围内损伤因子迅速减小,损伤因子由 2.5×10^{-2} 降低至 1.4×10^{-2};$90 \, \mathrm{m}$ 以后的损伤变化情况不明显。计算结果说明隔层渗透性变化趋势与损伤指标变化趋势保持一致,且塑性部分渗透率变化较大,注入流体沿着损伤区域窜入邻层。隔层及储层物性参数见表 3.2。

表 3.2　隔层及储层物性参数

隔层及储层	弹性模量/GPa	泊松比	黏聚力/GPa	内摩擦角	初始孔隙度	初始渗透率/mD
储层	1.5	0.250	—	—	0.60	0.75
隔层	3.0	0.125	3	18	0.06	0.01

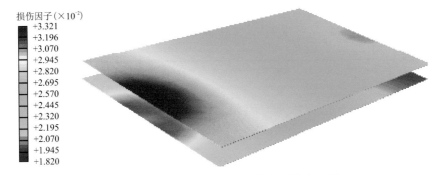

图 3.15　注水 10 年后隔层损伤变量分布云图

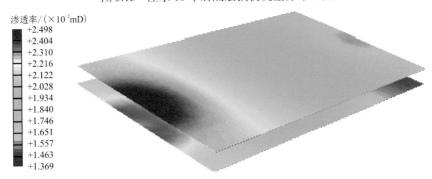

图 3.16　注水 10 年后隔层渗透率分布云图

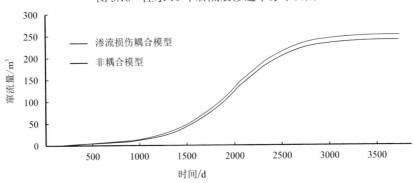

图 3.17　渗流–损伤耦合模型与非耦合模型窜流量

图 3.15、图 3.16 分别为注水 10 年后隔层的损伤变量、渗透率分布云图,图 3.17 反映了考虑隔层塑性损伤时与不考虑隔层塑性损伤时的差异。经计算得到,连续注水 10 年后,一般模型下窜流量为 340 m^3,耦合模型下窜流量为 350.5 m^3,即相当于 1 km^2 注水面积内窜流量增加了 175.0 m^3,如果在整个油藏

中进行考虑,那么这个窜流量的差异将是不容忽视的。由以上分析知隔层的塑性损伤将改变隔层的渗透性,损伤后的隔层将成为注入流体窜流途径,影响注水开发效果。因此在实际注水开采过程中,应当采取相应措施避免层间压差过大而引起的隔层塑性破坏。

3.3.3　综合参数对窜流的敏感性分析

低渗透油田注水开采过程中,注入流体沿着泥岩夹层窜流的现象时有发生。注水开采过程复杂,涉及的参数众多,这些参数对于窜流现象影响性分析是十分必要的。通过拉丁超立方法对各参数进行抽样,然后运用有限元分析方法采用参数抽样结果进行实验分析,得出每组参数对应的窜流量,最终计算出各组抽样结果及与其对应的有限元计算结果的 Spearman 秩相关系数,并以此确定出各参数对于窜流量的影响度大小。注采压力、井距及地层各项物性参数均被作为随机变量参与抽样。结果表明,在连续 10 年的注水时间内,井距及注水压力的影响相对较大,其次为储层弹性模量、渗透率等,而夹层的参数影响性相对较小。说明在注水开发过程中,可以通过控制井距及注水压力等措施,有效防治层间窜流现象的发生。

拉丁超立方抽样(latin hypercube sampling, LHS)由 Mckay 提出,由 Stein 给出较数学化的表述。LHS 是一种可以替代 Monte Carlo 方法的效果较好的方差缩减技术,在仿真模拟、优化计算和可靠性计算方面得到较为广泛的应用。

秩相关分析用于处理总体之间的相关性问题。假设变量 X 与 Y 独立,那么它们必定不相关,其相关系数 $\rho(X, Y) = 0$,反之,如果 $\rho(X, Y) = 0$,我们不能肯定 X 与 Y 是否独立。在非参数检验分析中,X 与 Y 之间若有一个增加时,另一个也倾向于增加,则认为 X 与 Y 之间存在正相关;若一个增加时,另一个倾向于减小,则称 X 与 Y 之间存在负相关。

如果 X 与 Y 之间存在着正相关,那么 X 与 Y 应当是同时增加(或减小),这种现象当然会反映在 (x_i, y_i) 相应的秩 (R_i, Q_i) 上。反之,倘若 (R_i, Q_i) 具有同步性,那么 (x_i, y_i) 的变化也具有同步性。Spearman 秩相关系数即用于反映秩之间的相关性,其表达式为

$$r_s = \frac{\sum_{i=1}^n \left(R_i - \frac{1}{n} \sum_{i=1}^n R_i \right) \left(Q_i - \frac{1}{n} \sum_{i=1}^n Q_i \right)}{\sqrt{\sum_{i=1}^n \left(R_i - \frac{1}{n} \sum_{i=1}^n R_i \right)^2 \sum_{i=1}^n \left(Q_i - \frac{1}{n} \sum_{i=1}^n Q_i \right)^2}} \tag{3.57}$$

式中, r_s——秩相关系数。

模型为一注一采油藏,如图 3.18 所示,各项参数经抽样后调用,其基本取值范围如表 3.3 所示。变动的参数总数为 16 个。本书获取 64 组抽样结果,保

证其样本量是充足的。在参数变动范围内用 LHS 方法进行抽样,并进行秩排列,结果如表 3.4 所示,为表示方便,各参数以脚标 1 表示隔层,脚标 2 表示储层。模型基本边界条件不改变,即两边及底边分别约束轴向位移,初始地层压力为 3 MPa,连续注水开采 10 年。

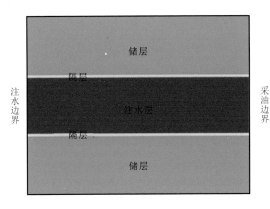

图 3.18　模型示意图

表 3.3　参数取值范围

参数名称	单位	取值范围(隔层)	取值范围(储层)
厚度 h	m	0.2~1.0	1.0~20.0
弹性模量 E	GPa	5~10	5~10
泊松比 μ	—	0.1~0.4	0.1~0.4
黏聚力	MPa	4~8	4~8
摩擦角	(°)	10~30	10~30
渗透率 K	mD	0.01~1.00	10.00~100.00
孔隙度 e	—	0.01~0.10	0.10~0.50
注水压力 P	MPa	5~10	5~10
井距 S	m	100~300	100~300

表 3.4　各参数抽样结果的秩排列

序号	P	S	h_1	E_2	μ_2	γ_2	ϕ_2	K_2	E_1	μ_1	ϕ_1	γ_1	K_1	h_2	e_2	e_1
1	4	2	9	4	0	4	5	2	6	9	0	6	3	9	2	9
2	4	5	2	2	0	1	34	58	50	45	15	36	21	3	1	55
3	6	6	3	9	2	7	3	19	14	29	25	13	28	13	46	17
4	37	38	1	1	62	11	61	26	17	50	57	19	23	49	14	49
5	22	42	19	8	17	35	14	48	13	49	44	11	29	50	23	13
6	1	35	29	54	43	44	27	38	5	24	11	45	31	48	29	25
7	19	13	5	6	52	9	29	29	52	37	36	25	14	10	62	22
8	46	5	12	55	61	64	63	37	35	32	20	44	27	35	43	53
9	6	22	37	36	27	28	56	2	63	16	32	29	22	47	5	63
10	63	62	63	64	57	22	20	16	25	16	10	45	54	18	52
11	55	54	36	13	32	59	55	28	64	13	63	43	53	27	58	16
12	27	15	22	24	53	31	52	32	27	1	1	12	20	4	50	47
13	16	21	3	1	13	33	18	3	24	48	45	40	63	33	45	62

续表

序号	P	S	h_1	E_2	μ_2	γ_2	ϕ_2	K_2	E_1	μ_1	ϕ_1	γ_1	K_1	h_2	e_2	e_1
14	60	28	64	45	26	18	64	55	57	62	21	53	34	40	8	9
15	58	44	27	4	60	61	16	22	30	38	49	34	24	57	24	44
16	5	11	47	22	16	55	53	6	12	39	35	28	30	26	26	35
17	30	60	9	57	47	32	30	42	42	60	60	54	2	51	53	34
18	17	33	38	48	18	15	43	4	32	43	12	49	10	23	55	24
19	61	19	61	35	51	24	6	35	15	41	51	55	6	15	39	45
20	15	8	45	34	10	37	31	50	37	12	2	47	48	53	13	50
21	7	25	33	3	25	2	59	7	56	14	8	7	15	58	4	46
22	49	18	11	53	39	36	57	34	23	8	3	37	12	9	3	37
23	36	39	18	23	29	43	58	43	45	30	59	59	32	24	40	21
24	52	46	21	60	54	20	44	63	21	35	7	61	4	46	28	10
25	41	3	4	58	22	25	25	11	58	47	55	50	25	41	41	23
26	4	32	50	20	58	6	42	18	49	31	54	51	55	60	7	27
27	54	31	43	44	59	53	8	23	34	10	46	62	49	30	20	61
28	32	56	26	21	23	56	15	9	38	27	19	46	38	34	2	33
29	59	37	41	5	48	39	32	10	59	5	4	3	3	6	56	4
30	25	49	31	61	21	47	4	52	55	34	42	57	59	56	59	48
31	11	1	28	10	42	58	35	15	1	46	5	60	11	61	63	51
32	38	17	10	46	55	34	21	53	39	17	43	32	18	44	54	56
33	48	48	30	28	19	40	1	13	60	63	47	5	46	45	37	18
34	20	53	20	41	28	51	10	61	36	21	23	30	17	12	57	60
35	9	63	32	15	8	16	51	56	43	26	28	52	58	18	42	58
36	43	52	48	12	34	12	9	30	40	61	38	31	1	63	6	8
37	40	40	62	63	7	29	7	14	2	4	34	63	47	11	27	40
38	14	16	25	2	37	23	60	57	4	56	50	38	60	62	16	57
39	2	29	23	16	64	46	41	27	19	20	22	58	35	17	33	26
40	31	23	14	43	45	5	36	5	62	2	29	17	64	19	48	64
41	45	64	8	39	9	52	46	44	25	23	53	15	26	42	36	39
42	13	43	55	17	31	42	11	17	29	11	9	39	62	21	61	43
43	44	45	17	56	5	48	45	64	53	64	13	22	40	8	44	1
44	35	51	40	49	49	45	19	21	3	15	37	4	42	16	12	28
45	8	27	51	51	11	30	28	41	41	9	14	2	56	36	21	59
46	23	10	53	62	6	27	12	16	9	3	26	20	9	25	11	42
47	26	50	56	50	3	60	49	24	8	52	64	26	5	14	17	41
48	47	26	57	37	36	38	62	46	7	58	41	41	57	43	9	30
49	18	7	16	18	56	13	13	8	31	57	56	27	54	29	52	20
50	10	9	6	42	41	57	26	40	54	33	48	1	16	2	32	54
51	29	34	35	27	38	8	37	47	47	40	62	21	41	52	34	7
52	33	14	34	9	20	10	3	33	61	19	10	64	37	39	51	32
53	42	2	58	31	4	50	50	51	46	55	6	9	51	7	49	5
54	51	30	54	25	63	54	39	45	10	42	18	6	61	31	15	3
55	12	58	59	47	46	49	2	49	33	28	27	8	53	32	10	14
56	28	4	49	30	33	21	33	59	51	36	39	48	43	5	30	38
57	62	20	2	38	35	3	22	60	22	6	61	14	13	37	60	36
58	53	59	52	33	14	17	24	31	26	44	58	23	7	1	38	31
59	34	24	44	26	40	19	54	25	48	54	17	33	44	28	25	15
60	3	47	15	52	12	14	48	20	20	18	52	42	36	55	64	2
61	39	61	24	40	44	63	17	54	44	22	40	24	39	64	35	6
62	50	41	60	59	1	26	47	36	11	7	24	18	19	22	31	12
63	57	36	46	11	15	41	38	39	28	51	31	56	50	38	47	19
64	21	57	7	19	24	62	40	1	18	53	33	35	8	20	19	11

在连续注水开采 10 年后,分别求取各组参数工况下的窜流量。并将窜流量进行秩排列,结果如表 3.5 所示。

通过参数秩及窜流量秩计算它们的 Spearman 秩相关系数,并对其绝对大小进行排序,以分辨其敏感性大小,计算结果如表 3.6 所示。

表 3.5　各组窜流量计算结果秩排列

组别	秩	组别	秩	组别	秩	组别	秩	组别	秩
1	29	14	47	27	16	40	13	53	10
2	39	15	51	28	57	41	62	54	18
3	17	16	19	29	48	42	50	55	31
4	38	17	35	30	46	43	33	56	4
5	60	18	26	31	15	44	27	57	28
6	21	19	14	32	8	45	23	58	53
7	12	20	20	33	56	46	9	59	25
8	1	21	52	34	36	47	43	60	44
9	24	22	11	35	58	48	32	61	54
10	34	23	49	36	63	49	3	62	41
11	61	24	64	37	30	50	2	63	59
12	5	25	6	38	42	51	40	64	55
13	45	26	22	39	7	52	37		

表 3.6　Spearman 秩相关系数计算结果

参数	秩相关系数	秩序号	参数	秩相关系数	秩序号
P	0.175	11	S	0.749	16
h_1	0.061	5	E_2	−0.254	12
μ_2	−0.302	14	c_2	0.048	3
φ_2	−0.011	2	k_2	0.080	7
E_1	0.062	6	μ_1	0.174	10
c_1	0.166	9	φ_1	0.051	4
k_1	−0.009	1	h_2	0.306	15
e_2	−0.082	8	e_1	−0.260	13

为便于分析,将以上结果分 3 组进行比较,第 1 组为储层内部各参数之间的比较;第 2 组为夹层内部各参数之间的比较;第 3 组将隔层、夹层放在一起,并综合考虑井距、注采压力进行比较,比较结果如下:

(1) 储层厚度 > 储层泊松比 > 储层弹性模量 > 储层孔隙度 > 储层渗透率 > 储层黏聚力 > 储层摩擦角;

(2) 夹层孔隙度 > 夹层泊松比 > 夹层黏聚力 > 夹层弹性模量 > 夹层厚度 > 夹层摩擦角 > 夹层渗透率;

(3) 井距 > 储层厚度 > 储层泊松比 > 夹层孔隙度 > 储层弹性模量 > 注水压力 > ··· > 夹层渗透率。

通过比较结果可以看出,注水压力及井距相较于油藏物性参数而言对窜流量的影响较大;对于储油层来说,其厚度、弹性模量、渗透率、孔隙度的影响大于其他参数的影响;而对于夹层来说其弹性模量、泊松比、黏聚力的影响大于其他参数的影响。

3.3.4 裂缝形态对窜流的影响分析

考虑裂缝对岩体的影响,将裂缝视为地层内部的不同力学参数的材料,且其渗透率为正交各向异性,建立有限元分析模型。研究模型均为一注一采油藏,其中注水边界 1 MPa,采油边界 5 MPa,初始地层压力 7 MPa。其他参数如表 3.7 所示。

表 3.7　天然裂缝及油藏参数

材料名称	弹性模量/GPa	泊松比	渗透率/D	摩擦角/(°)	黏聚力/MPa
裂缝	0.07	0.4	$K_1=10^{-3}, K_2=1$	5	2
岩石	7.00	0.2	$K_1=K_2=10^{-3}$	30	10

1. 纵向裂缝长度的影响

首先研究地层中只存在天然裂缝时的情况。为研究裂缝长度对地层内部渗流场的影响,将裂缝天然长度分三组,裂缝宽度均为 0.001 m,纵向上的长度分别为 10 m、15 m 及贯穿地层的 30 m,如图 3.19 所示。不同长度纵向裂缝渗流场分布如图 3.20 所示。

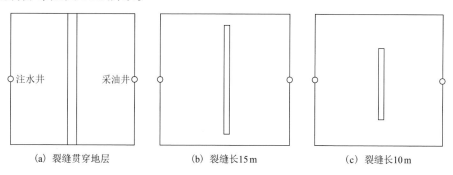

(a) 裂缝贯穿地层　　　　　(b) 裂缝长15 m　　　　　(c) 裂缝长10 m

图 3.19　各工况示意图

通过比较在裂缝长度分别为 10 m、15 m 及贯穿地层时地层内部的渗流速度场分布,发现随着裂缝长度的改变,渗流场的状态也相应随之改变。从总体上来看,裂缝内部的渗流流体流速较高,而又由于裂缝渗流率的各向异性,其延伸方向的流速远高于其法向流速。因此当裂缝长度较短时,地层内部通过裂缝的流体较小,裂缝内部的流体速度也较小;而当裂缝贯穿整个地层时,裂缝内部流体流速也较大。当裂缝延伸穿过隔层时,流体就会沿着裂缝窜向邻层,导致层间窜流现象发生。

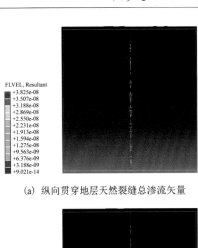

FLVEL, Resultant
+3.825e-08
+3.507e-08
+3.188e-08
+2.869e-08
+2.550e-08
+2.231e-08
+1.913e-08
+1.594e-08
+1.275e-08
+9.563e-09
+6.376e-09
+3.188e-09
+9.021e-14

(a) 纵向贯穿地层天然裂缝总渗流矢量

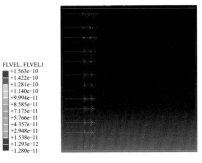

FLVEL, FLVEL1
+1.563e-10
+1.422e-10
+1.281e-10
+1.140e-10
+9.994e-11
+8.585e-11
+7.175e-11
+5.766e-11
+4.357e-11
+2.948e-11
+1.538e-11
+1.293e-12
-1.280e-11

(b) 纵向贯穿地层天然裂缝沿X轴方向渗流矢量

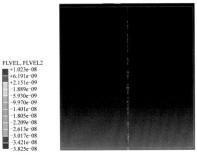

FLVEL, FLVEL2
+1.023e-08
+6.191e-09
+2.151e-09
-1.889e-09
-5.930e-09
-9.970e-09
-1.401e-08
-1.805e-08
-2.209e-08
-2.613e-08
-3.017e-08
-3.421e-08
-3.825e-08

(c) 纵向贯穿地层天然裂缝沿Y轴方向渗流矢量

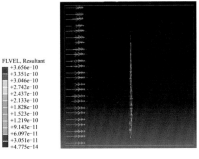

FLVEL, Resultant
+3.656e-10
+3.351e-10
+3.046e-10
+2.742e-10
+2.437e-10
+2.133e-10
+1.828e-10
+1.523e-10
+1.219e-10
+9.143e-11
+6.097e-11
+3.051e-11
+4.775e-14

(d) 长度为15m的纵向天然裂缝渗流总矢量

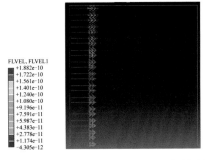

FLVEL, FLVEL1
+1.882e-10
+1.722e-10
+1.561e-10
+1.401e-10
+1.240e-10
+1.080e-10
+9.196e-11
+7.591e-11
+5.987e-11
+4.383e-11
+2.778e-11
+1.174e-11
-4.305e-12

(e) 长度为15m的纵向天然裂缝沿X轴渗流矢量

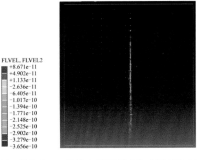

FLVEL, FLVEL2
+8.671e-11
+4.902e-11
+1.133e-11
-2.636e-11
-6.405e-11
-1.017e-10
-1.394e-10
-1.771e-10
-2.148e-10
-2.525e-10
-2.902e-10
-3.279e-10
-3.656e-10

(f) 长度为15m的纵向天然裂缝沿Y轴渗流矢量

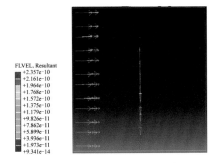

FLVEL, Resultant
+2.357e-10
+2.161e-10
+1.964e-10
+1.768e-10
+1.572e-10
+1.375e-10
+1.179e-10
+9.826e-11
+7.862e-11
+5.899e-11
+3.936e-11
+1.973e-11
+9.341e-14

(g) 长度为10m天然裂缝渗流总矢量

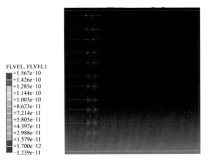

FLVEL, FLVEL1
+1.567e-10
+1.426e-10
+1.285e-10
+1.144e-10
+1.003e-10
+8.623e-11
+7.214e-11
+5.805e-11
+4.397e-11
+2.988e-11
+1.579e-11
+1.700e-12
-1.239e-11

(h) 长度为10m天然裂缝沿X轴渗流矢量

图 3.20　不同长度纵向裂缝渗流场分布

2. 纵向裂缝宽度的影响

天然裂缝宽度一般很小,假设天然裂缝宽度分别为 0.001 m、0.005 m、0.008 m。本组裂缝均完全贯穿地层如图 3.21 所示。纵向裂缝不同宽度渗流场分布如图 3.22 及图 3.23 所示。

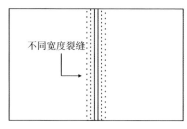

图 3.21　不同宽度裂缝示意图

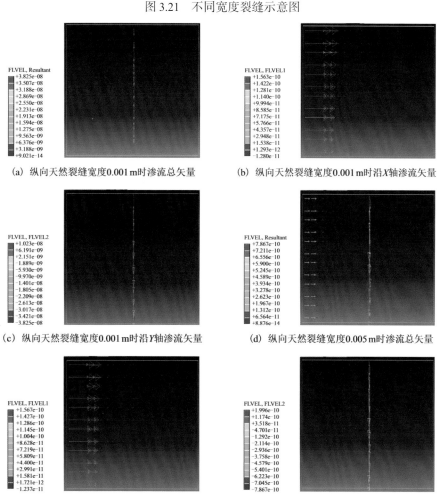

(a) 纵向天然裂缝宽度 0.001 m 时渗流总矢量　　(b) 纵向天然裂缝宽度 0.001 m 时沿 X 轴渗流矢量

(c) 纵向天然裂缝宽度 0.001 m 时沿 Y 轴渗流矢量　　(d) 纵向天然裂缝宽度 0.005 m 时渗流总矢量

(e) 纵向天然裂缝宽度 0.005 m 时沿 X 轴渗流矢量　　(f) 纵向天然裂缝宽度 0.005 m 时沿 Y 轴渗流矢量

图 3.22　纵向裂缝不同宽度渗流场分布(裂缝宽度 0.001 m、0.005 m)

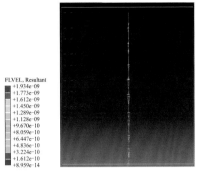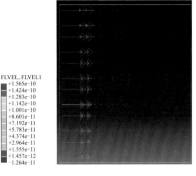

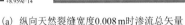

(a) 纵向天然裂缝宽度0.008 m时渗流总矢量　　　　(b) 纵向天然裂缝宽度0.008 m时沿X轴渗流矢量

图 3.23　纵向裂缝不同宽度渗流场分布(裂缝宽度 0.008 m)

在不同宽度的天然裂缝组的计算结果中，总渗流场在裂缝内部发生集中现象，然而 X 轴方向渗流场在注水端的值较大，Y 轴方向渗流场在裂缝内部大。这说明由于裂缝渗透率的各向异性，其 Y 轴流速远大于 X 轴流速，而在 X 轴方向上，注水端由于水压最大，因而流速是最高的。但是流体会沿着裂缝以较高的流速流失到其他层位。

3. 横向天然裂缝长度、宽度的影响

横向裂缝(图 3.24)不同于水平裂缝，横向裂缝接受流体的面积要小于竖直裂缝，但是横向裂缝比竖直裂缝更加接近注采边界。用类似纵向裂缝的研究方法研究横向裂缝的长度与宽度对地层内部渗流场的影响。裂缝长度分别取 10 m 及 40 m，宽度仍然取 0.001 m、0.005 m、0.008 m。不同长度、不同宽度横向裂缝渗流场分布如图 3.25、图 3.26 所示。

由于横向裂缝与主流线基本保持水平，故垂直穿过裂缝的流体相对较少。但是由于水平裂缝在水平方向上延伸较长，注入流体能够更快进入水平裂缝，通过水平裂缝，注入流体会更快到达采油井，引发窜流现象，使其达不到预期的驱替效果。

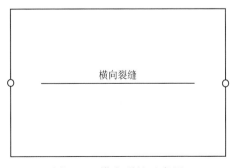

图 3.24　横向裂缝示意图

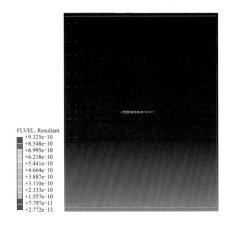

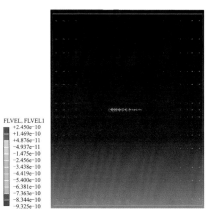

（a）长度为10m的横向裂缝渗流速度总矢量　　　　（b）长度为10m的横向裂缝沿X轴渗流速度总矢量

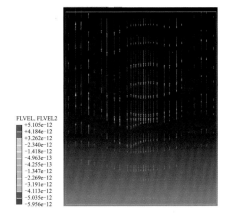
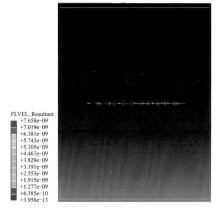

（c）长度为10m的横向裂缝沿Y轴渗流矢量　　　　　（d）长度为40m的横向裂缝渗流总矢量

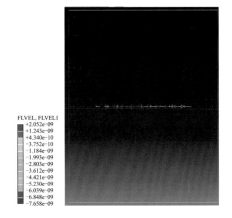
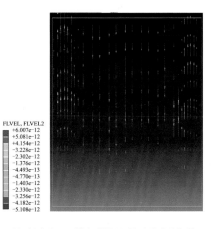

（e）长度为40m的裂缝沿X轴渗流速度矢量　　　　（f）长度为40m横向裂缝沿Y轴渗流速度矢量

图 3.25　不同长度的横向裂缝渗流场分布

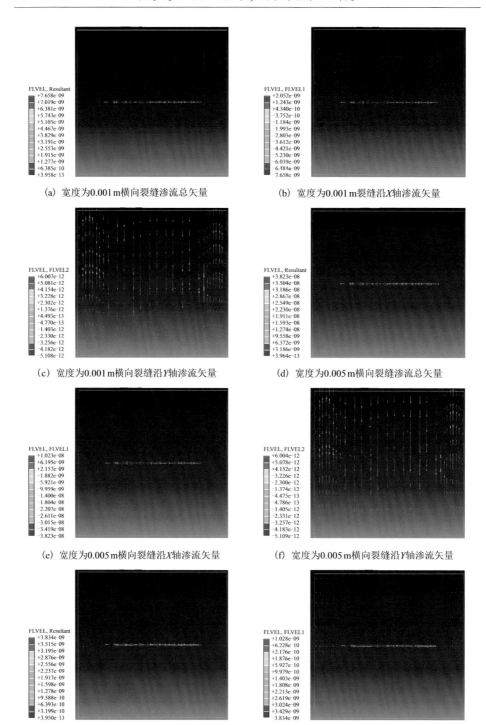

(a) 宽度为0.001m横向裂缝渗流总矢量　　　(b) 宽度为0.001m裂缝沿X轴渗流矢量

(c) 宽度为0.001m横向裂缝沿Y轴渗流矢量　　(d) 宽度为0.005m横向裂缝渗流总矢量

(e) 宽度为0.005m横向裂缝沿X轴渗流矢量　　(f) 宽度为0.005m横向裂缝沿Y轴渗流矢量

(g) 宽度为0.008m横向裂缝渗流总矢量　　　(h) 宽度为0.008m横向裂缝沿X轴渗流矢量

图 3.26　不同宽度的横向裂缝渗流场分布

4. 天然裂缝角度的影响

裂缝与主流线呈不同夹角时,由于流体通过裂缝的面积不同,且裂缝与注水井、采油井间的距离不同,对油藏内部的渗流场分布必然造成影响。图 3.27 所示为 5 种不同角度的裂缝,其中 ① 类及 ⑤ 类裂缝在前面已经研究过,这里只对其余类型的裂缝进行研究。不同角度裂缝渗流场分布如图 3.28、图 3.29 所示。

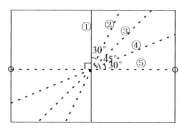

图 3.27　不同角度裂缝示意图

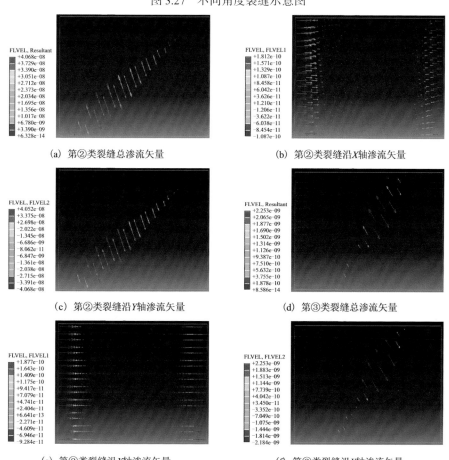

(a) 第②类裂缝总渗流矢量　　　　(b) 第②类裂缝沿X轴渗流矢量

(c) 第②类裂缝沿Y轴渗流矢量　　　　(d) 第③类裂缝总渗流矢量

(e) 第③类裂缝沿X轴渗流矢量　　　　(f) 第③类裂缝沿Y轴渗流矢量

图 3.28　不同角度裂缝渗流场分布(第②、③类)

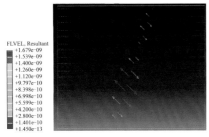
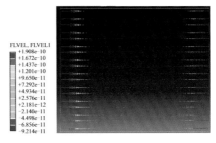

　　(a) 第④类裂缝总渗流矢量　　　　　　　(b) 第④类裂缝沿X轴渗流矢量

图 3.29　不同角度裂缝渗流场分布(第 ④ 类)

　　研究发现,在裂缝角度不断改变的过程中,裂缝对于渗流场产生影响的部位也随之发生改变。随着裂缝与主流线的角度变化,其对于油藏内部渗流场的影响也随之不同。总体上来讲,随着与主流线的夹角缩小,其渗流速度显著的位置是由下往上移动,然后再往下移动,故其可能发生窜流的形式及位置也不相同。

5. 不同形态人工缝对窜流的影响分析

　　以上是对天然裂缝进行的研究,然而压裂开采是低渗流油藏的主要开采方式,在压裂过程中,会产生各种人工裂缝,因此,本节对不同形态的人工缝进行研究。

　　如图 3.30 所示,第 ① 类裂缝不与天然裂缝相交;第 ② 类裂缝与油藏内的天然裂缝相连通;第 ③ 类裂缝与天然裂缝相互交叉并穿过天然裂缝。不同形态人工裂缝与天然裂缝渗流场分布如图 3.31、图 3.32 所示。

　　通过以上研究发现,在人工裂缝未与天然裂缝连通时,天然裂缝对于地层内部的渗流场分布的影响相对较小;而一旦二者互相连通,注入流体会先沿着人工缝注入天然裂缝,然后再由天然裂缝渗入地层。竖直的天然裂缝对于其法向渗流场影响较大,而人工裂缝则对于水平方向上的渗流场影响较大。在注入井到天然裂缝之间的地层内,流体基本上是通过天然裂缝反向注入地层的。因此,这部分油藏不能很好得到驱替,在人工裂缝–天然裂缝的组合裂缝形式下,窜流现象极可能发生。

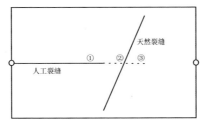

图 3.30　人工裂缝与天然裂缝示意图

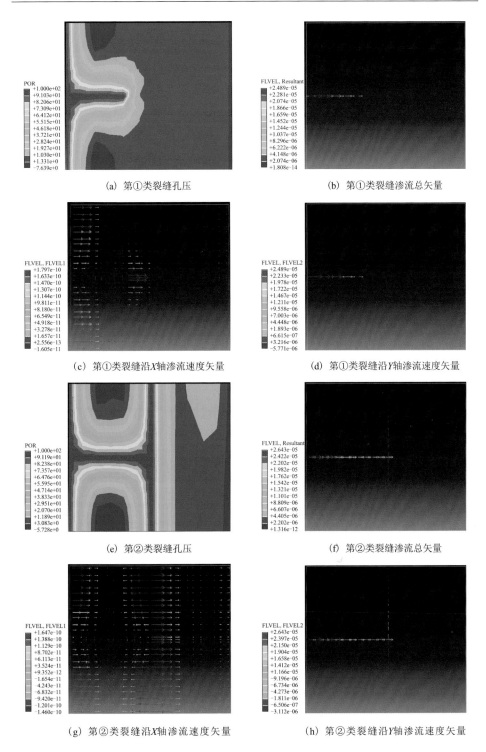

(a) 第①类裂缝孔压

(b) 第①类裂缝渗流总矢量

(c) 第①类裂缝沿X轴渗流速度矢量

(d) 第①类裂缝沿Y轴渗流速度矢量

(e) 第②类裂缝孔压

(f) 第②类裂缝渗流总矢量

(g) 第②类裂缝沿X轴渗流速度矢量

(h) 第②类裂缝沿Y轴渗流速度矢量

图 3.31 不同形态人工裂缝与天然裂缝渗流场分布(第①、②类裂缝)

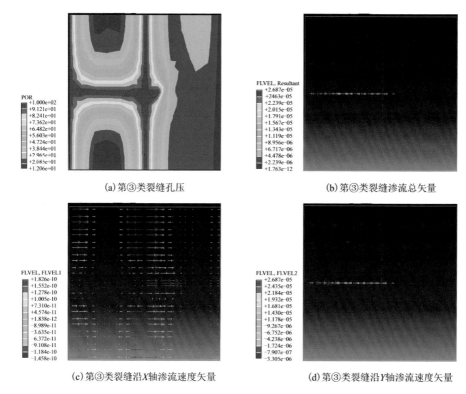

(a) 第③类裂缝孔压   (b) 第③类裂缝渗流总矢量

(c) 第③类裂缝沿X轴渗流速度矢量   (d) 第③类裂缝沿Y轴渗流速度矢量

图 3.32　不同形态人工裂缝与天然裂缝渗流场分布(第 ③ 类裂缝)

3.3.5　环空窜流影响分析

在注水过程中若固井质量不好,则水泥环与套管、水泥环与地层,以及水泥环本身都可能形成微裂隙,使得流体通过这些微裂隙流失,引发环空窜流现象发生。考虑在水泥环与地层之间存在宽度为 0.001 m 的竖向微裂隙,分析其对地层内部渗流场造成的影响,如图 3.33 所示。图 3.34~ 图 3.37 是环空窜流时与正常工况的数值模拟计算结果。

通过比较水泥环与地层之间有微裂隙与无微裂隙时的情况,可以发现,当无微裂隙存在时,地层内部孔压分布均匀,隔层以外地层孔压无明显变化;而有微裂隙存在时,微裂隙使地层内部孔压急剧减小,隔层以外孔压变化明显。在渗流速度矢量场上,无微裂隙时储层内部流体流动速度比地层中其他位置的流体流动速度快,隔层以外流体流动不明显;在有微裂隙时,流体在微裂隙内的流动速度最快,尤其是沿裂缝方向的流速最快,使得流速总矢量在微裂隙内部集中。这说明微裂隙明显改变了地层内部的流场分布,在有微裂隙存在的情况下,大部分注入流体会沿着微裂隙穿过隔层,进入其他层位,影响注水开采的效果。

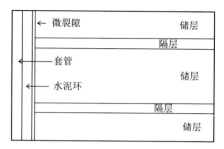

图 3.33　环空窜流示意图

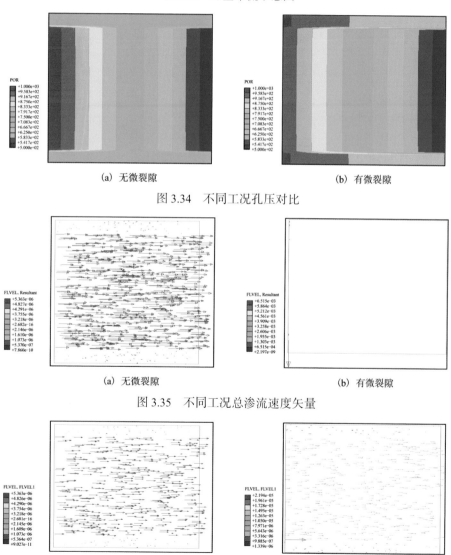

(a) 无微裂隙　　　　　　　　　　　　　　　(b) 有微裂隙

图 3.34　不同工况孔压对比

(a) 无微裂隙　　　　　　　　　　　　　　　(b) 有微裂隙

图 3.35　不同工况总渗流速度矢量

(a) 无微裂隙　　　　　　　　　　　　　　　(b) 有微裂隙

图 3.36　不同工况沿 X 轴渗流速度矢量

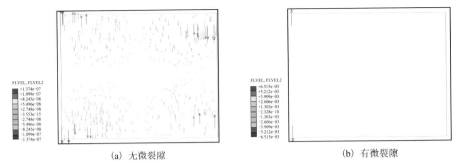

(a) 无微裂隙　　　　　　　　　　　　　　(b) 有微裂隙

图 3.37　不同工况沿 Y 轴渗流速度矢量

3.4　本　章　小　结

　　本章建立了窜流、渗漏问题的数学模型。通过渗流微分方程描述了地层内部流体的流动情况；通过应力方程描述了地层内部应力场；通过渗流-应力耦合方程描述了有效应力与渗透率、孔隙度的动态演化关系；通过渗流-损伤方程描述了注水过程中隔夹层发生塑性破坏过程中渗透率、孔隙度随塑性应变动态演化的关系；同时给出了渗透率与有效应力关系的经验公式。

　　对低渗透油田窜流、渗漏现象作了理论研究分析，并通过对 Abaqus 软件进行再次开发，并结合 MATLAB 等有效工具，分别进行了有效应力、隔层塑性损伤、非参数敏感性分析等工作，并针对不同形态的裂缝模型进行了进一步的数值模拟研究。研究结果发现，可能导致油藏发生窜流现象的原因有多种，包括有效应力的影响、地层损伤破坏等。对各项参数进行了敏感性分析后，综合评估得出各项参数对于窜流现象发生的敏感性，发现对于储层及隔层，其影响因素并不一致。在采用数值模拟方法进一步分析不同形态天然裂隙、人工裂缝对于窜流现象的影响后发现，裂隙会显著改变地层内部的渗流场分布，并极易成为窜流途径，致使注入流体窜入其他层位。环空窜流数值模拟研究发现，存在于水泥环及地层之间的微裂隙是注入流体窜入其他层位的通道。

第 4 章　低渗透油田地应力场数值模拟

地应力是油气运移、聚集的动力之一，地应力作用形成的储层裂缝、断层及构造是油气运移、聚集的通道和场所之一。古应力场影响和控制着古代油气的运移和聚集，现代应力场影响和控制着油气田在开发过程中油、气、水的动态变化。现代地应力的研究可为注采井网的部署、调整及开发方案设计提供科学的背景资料。现代应力场研究的基础是初始地应力场的合理确定。由于地应力监测数据有限，大多依赖于数值分析来确定初始地应力场。本章介绍基于遗传算法的油田初始地应力场反演方法，并通过数值模拟，对具体区块的地应力场进行模拟分析。

4.1　地应力场反演模型

初始地应力场是指岩体中的应力状态，它由重力和历次地质构造作用而产生，又由于岩石的物理特性，以及风化、剥蚀等作用而变化。在变化过程中，岩石中的应力不断释放和重新分布，而成为当前的残留应力状态，钻井及注采等工程扰动也将导致应力场的重新分布。因此，从地质年代看，地应力是随时间、空间而变化的非稳定场。对于一般工程建设而言，初始地应力场可视为忽略时间因素(地质年代)的相对稳定的应力场。初始地应力的准确性对分析地层应力变形有直接影响。然而，如何确定油田初始地应力一直是个比较棘手的问题。随着现代测试技术和计算技术的发展，岩土工程领域提出了基于实测数据的地应力反演分析方法，并取得了良好的效果，为初始地应力的确定提供了新的途径。

4.1.1　地应力反演的基本原理

从地质力学观点看，初始地应力场主要是由构造应力场和自重应力场叠加而成的。构造运动方向大多是水平的，而且其实际运动状况未知，因此无法直接求解构造应力。根据国外的大量地应力测量资料，可以认为垂向应力主要由重力作用引起，且等于上覆岩层的重量。正是由于初始地应力场无法直接通过求解而得，在实际应用中，往往采用反演模型来确定地应力场。下面介绍基于采用有限元软件 Abaqus 数值模拟的地应力反演模型的基本原理。

在 Abaqus 中一般采用基于侧压力系数的地应力模型或基于边界载荷的地应力模型来模拟水平构造运动对岩体初始应力场的影响。

设水平侧压力系数分别为 λ_x、λ_y，水平应力分量和自重应力的表达式为

$$\begin{aligned}
\sigma_x &= \lambda_x \sigma_z \\
\sigma_y &= \lambda_y \sigma_z \\
\sigma_z &= \rho g h \sum_{i=1}^{n} \gamma_i h_i
\end{aligned} \tag{4.1}$$

式中，ρ——岩体密度；

$\quad$ g——重力加速度；

$\quad \gamma_i$——第 i 层地层的岩石硬度；

$\quad h_i$——第 i 层地层厚度。

由式(4.1)可见，侧压力坐标系轴方向对应于水平主应力的方向。就一般工程而言，主应力方向 XOY 为计算坐标系，xOy 为主应力坐标系，与计算坐标系存在一定的夹角，两者之间的相互关系如图 4.1 所示。

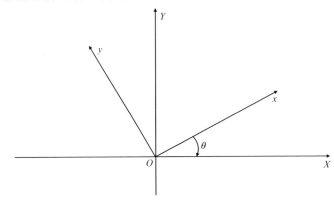

图 4.1　侧压力系数坐标系与计算坐标系示意图

通过坐标转化，可得到计算坐标系 XOY 下的水平应力分量和自重应力：

$$\begin{aligned}
\sigma_x^* &= \sigma_x \cos^2\theta + \sigma_y \sin^2\theta \\
\sigma_y^* &= \sigma_x \sin^2\theta + \sigma_y \cos^2\theta \\
\tau_{xy}^* &= (\sigma_x - \sigma_y)\sin\theta\cos\theta \\
\sigma_z^* &= \sigma_z
\end{aligned} \tag{4.2}$$

式中，θ——计算模型坐标系与侧压力系数坐标系之间的夹角。

岩体初始应力场 σ_{ij} 可表达为侧压力系数 λ_x、λ_y 和 θ 的函数，即

$$\sigma_{ij} = f(\lambda_x, \lambda_y, \theta) \tag{4.3}$$

初始应力场反演是基于逐步改正未知参数试计算值，使误差函数趋于极小值的迭代算法，误差函数采用计算应力与实测应力的偏差来表示。记现场

实测点的应力值为 $\sigma_{ij}^{mk}(k = 1, 2, \cdots, n)$，有限元计算所得的相应测点的应力值为 $\sigma_{ij}^{ck}(k = 1, 2, \cdots, n)$，则误差函数可表示为

$$\Psi(\lambda_x, \lambda_y, \theta) = \sum_{k=1}^{n} (\sigma_{ij}^{ck} - \sigma_{ij}^{mk})^2 \tag{4.4}$$

式中，n——测点个数；

σ_{ij}^{c}——岩体自重和水平地质构造运动对初始应力场形成有贡献因子的函数。

岩体自重和构造运动对初始应力场的影响可通过在有限元模型上施加初始条件(侧压力系数)和边界条件来模拟。对于地形、地质条件和构造运动等比较复杂的工程而言，上述的侧压力系数反演模型不能有效反映岩体初始应力场形成的影响因素。然而，可在水平构造反演模型的基础上，考虑垂向剪切构造运动，建立联合反演模型，垂向剪切构造运动可通过边界条件来实现。

图 4.2 所示为通过施加边界条件来考查水平构造运动对剪切应力 τ_{xz} 和 τ_{yz} 影响的例子。

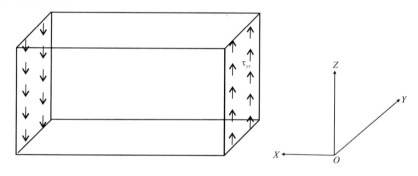

图 4.2　yz 平面剪切构造运动

考虑剪切构造运动时，初始应力场 σ_{ij} 是变量 λ_x、λ_y、θ、τ_{xz} 及 τ_{yz} 的函数，即

$$\sigma_{ij} = f(\lambda_x, \lambda_y, \theta, \tau_{xz}, \tau_{yz}) \tag{4.5}$$

式中，λ_x、λ_y——水平侧压力系数；

θ——计算模型坐标系与侧压力系数之间的夹角；

τ_{xz}、τ_{yz}——xz 平面和 yz 平面所施加的剪切应力值。

根据式(4.3)，可以构造联合反演模型的误差函数：

$$\Psi(\lambda_x, \lambda_y, \theta, \tau_{xz}, \tau_{yz}) = \sum_{k=1}^{n} (\sigma_{ij}^{ck} - \sigma_{ij}^{mk})^2 \tag{4.6}$$

式中，σ_{ij}^{m}——测点的实测值；

σ_{ij}^{c}——相应测点的有限元计算值；

n——测点个数。

综上所述,对简单的地形和地质条件可以通过侧压力系数来引入水平构造运动对初始应力场的影响。如果地形和构造运动比较复杂,那么可以辅以施加边界条件来引入水平构造运动对剪切应力的影响。

4.1.2 基于遗传算法的地应力反演方法

目前,优化反分析是岩土工程反分析研究中一个重要且实用的研究方向。现有研究表明,优化分析的目标优化函数是一个高度复杂的非线性多峰函数,因此,采取全局优化算法是一种比较理想的途径。常用的优化算法有单纯形法、复合形法、变量替换法、蒙特卡罗法、遗传算法等,下面将重点介绍用于地应力反演的全局型遗传算法。

遗传算法(genetic algorithm, GA)的思想源于生物遗传学和适者生存的自然规律,这一方法在 20 世纪 70 年代中期建立起来,并以其高效、实用的特点在很多领域得到广泛应用。遗传算法是一种全局最优化方法,特别适用于多极值点的优化问题。其基本原理是将选择、交叉、变异等概念引入算法中,通过构成一组初始可行解群体并对其进行操作,使其组建移向最优解。

以岩土体力学参数为例,假设有 n 个反演变量,记为 $a = (a_1, a_2, \cdots, a_n)$。则可利用遗传算法的 3 个基本操作(即选择、交叉和变异)模拟自然选择和自然遗传过程的繁殖、交配和变异现象,从待反演参数组成的解种群中逐代产生新的群体,比较个体,如此循环,最终搜索到最优个体,从而得到反演的物理力学参数。图 4.3 即为正交法反演流程图。

针对遗传算法的 3 个基本操作,分别从编码、适应度函数的选取,以及选择、交叉和变异 3 种基本操作来研究物理力学参数的反演,3 种基本操作介绍如下:

编码:遗传算法的第一步就是将待反演的参数编码,常用的编码方式是二进制编码,该编码方式需把待反演参数换成二进制码串。二进制编码存在码串太长的问题,可以用实数编码方式。

适应度函数:遗传算法在搜索中仅以适应度函数为依据,利用种群中每个个体的适应度进行搜索。因此,适应度函数的选取至关重要,直接影响到遗传算法的收敛速度以及能否找到最优解。一般而言,适应度函数是由目标函数变换而成的。可以选择如下形式的适应度函数,以保证其有效指导搜索沿参数优化的方向进行,以逼近最佳参数组合。具体表达式为

$$f(x_j) = \sum_{k=1}^{n} [e_j(k)]^2 \tag{4.7}$$

式中,$e_j(k)$——反演结果的计算误差;

n——计算的样本数。

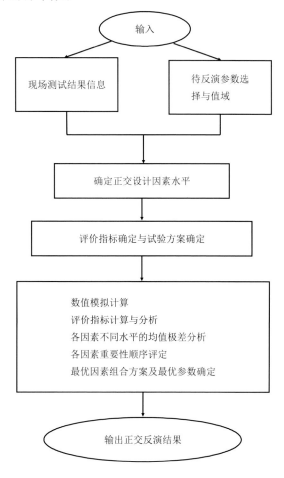

图 4.3　正交法反演流程

选择算子：为保证搜索到的最优个体不会因遗传操作而被破坏，将父代种群中适应度最大的 10% 优良个体直接传递到子代中。对剩下的 90% 父代，按照各自的适应度从小到大排列。设各个体的相应序号为 $r_i(i = 1 - 0.9N)$，则每个个体按如下数量选入匹配池：

$$\mathrm{int}\left[\left(r_i / \sum_{i=1}^{0.9N} r_i\right) \times 0.9N + 0.5\right] \tag{4.8}$$

式中，int——取整数操作；

　　　N——种群总数。

交叉算子：把两个父体的部分结构替换重组生成新个体的操作，即为交叉操作。根据上述基于实数编码的遗传算法，其交叉操作时由一个仅取 0,1 的随机数控制。

若 2 个父代 $a = (a_1, a_2, \cdots, a_n)$, $b = (b_1, b_2, \cdots, b_n)$, 则交叉产生的 2 个子代为 $o = (o_1, o_2, \cdots, o_n)$, $p = (p_1, p_2, \cdots, p_n)$, 其中,

$$o_i = \begin{cases} a_i, & \text{随机数为 0} \\ b_i, & \text{随机数为 1} \end{cases} \tag{4.9}$$

$$p_i = \begin{cases} b_i, & \text{随机数为 0} \\ a_i, & \text{随机数为 1} \end{cases} \tag{4.10}$$

交叉概率 P_c 控制交叉操作的频率, P_c 太小, 搜索会停止不前; P_c 太大, 高适应度解易被破坏, 因此其选择非常重要, 一般 P_c=0.40~0.99。将父代群体中获胜的个体两两交叉, 随机产生一个小数 P_r, 若 $P_c < P_r$, 则不产生交换。该过程重复进行 $N/2 - 1$ 次, 以保证群体规模的不变。交叉操作一般有算术交叉和基于方向的交叉。

(1) 算术交叉定义为两个染色体 X_1, X_2 的如下组合方式:

$$\begin{cases} X_1' = \lambda X_1 + (1 - \lambda)X_2 \\ X_2' = \lambda X_2 + (1 - \lambda)X_1 \end{cases} \tag{4.11}$$

(2) 基于方向的交叉定义为

$$\begin{cases} X_1' = \lambda(X_1 - X_2) + (1 - \lambda)X_1 \\ X_2' = \lambda(X_2 - X_1) + (1 - \lambda)X_2 \end{cases} \tag{4.12}$$

式(4.11)及式(4.12)中 λ 为[0, 1]之间的随机数。

算术交叉可以保证产生的后代位于两个父代染色体之间, 基于方向的交叉则可以有效地扩展搜索空间, 这对遗传算法的初始迭代尤为重要, 通常将这两种方法结合起来使用。

变异算子: 子个体变量以很小的概率或步长产生转变, 变量转换的概率或步长与变量的个数成反比, 与种群的大小无关。变异本身是一种局部随机搜索, 与选择和交叉算子结合在一起, 保证了遗传算法的有效性, 使得遗传算法具有局部搜索能力; 同时使得遗传算法保持种群的多样性, 以防止出现非成熟收敛。

变异过程通过概率 P_m 来操作, 通常 P_m=0.01~0.10。若父代中的元素 x_k 被选出来作变异, 则后代 $X' = [x_1, x_2, \cdots, x_k', \cdots, x_n]$。其中 x_k' 为

$$x_k' = x_k + \Delta[t, \sup(x_k) - x_k] \tag{4.13}$$

$$x_k' = x_k - \Delta[t, x_k - \inf(x_k)] \tag{4.14}$$

式中, $\sup(x_k)$ 与 $\inf(x_k)$ ——对应变量 x_k 的上下界。

函数 $\Delta(t, y)$ 返回区间 $[0, y]$ 中的一个值, 使 $\Delta(t, y)$ 随代数 t 增加而趋于 0。

此性质使得初始迭代,搜索均匀分布在整个空间,后期则分布在局部范围内。$\Delta(t, y)$ 可表示为

$$\Delta(t, y) = yr\left(1 - \frac{t}{T}\right)^{b}$$　　　　　　　　(4.15)

式中,r——[0, 1]上的随机数;

　　　T——最大代数;

　　　b——确定不均匀度的参数。

具体步骤如下:

(1) 编码:对待反演参数用前述方法进行编码。

(2) 产生初始种群:在各参数的取值范围内随机产生 N 个初始解字符串,形成初始种群。

(3) 系统输出计算:根据初始种群采用有限单元法计算得到与实测信息对应的系统输出。

(4) 适应度评价:按前述适应度函数计算个体适应度,并计算种群的平均适应度。

(5) 收敛判断:以种群中最大适应度与平均适应度之差应小于 10^{-3} 作为判据,并以最大进行代数不大于 500 辅助判断。若是,则算法结束;若否,则继续运行。

(6) 选择操作:按前述选择算子进行选择操作,首先选出 $0.1N$ 个个体直接选入子代数中,其余个体放入匹配池中。

(7) 交叉及变异操作:对匹配池中的个体进行交叉及变异操作,完成后把这些个体送回子代,形成子代种群。

(8) 经过步骤(3)~(5)后就实现了一代的进化,检验反演的物理力学参数是否满足要求。若满足要求,说明已得到最优解;否则,应重新开始下一代进化,返回步骤(3)循环进行。

可见,遗传算法是建立于遗传学及自然选择原理基础上的一种随机搜索算法,它采用达尔文生物进化的"物竞天择,适者生存"及门德尔基因遗传的基本原理,其优化搜索过程结合了自然选择及随机信息交换思想,既能消除原解中的不适应因素,又能利用其已有的信息,因而遗传算法是一种能实现全局优化的优化算法。

4.1.3　基于遗传算法的初始地应力反演模型及算例验证

1. 模型描述

油田地层初始地应力场计算,必须根据地应力实测资料、岩体的地形状况、岩体的地质构造及岩体的力学性质等因素,建立合适的计算区域,以消除边界条件对地应力分布的影响。

　　构造应力场模拟采用线弹性本构模型或小变形弹塑性本构模型。本小节将通过一简单算例来验证基于遗传算法的初始地应力反演模型的正确性。

　　地质模型高 20 m、宽 35 m、长 60 m，采用弹性本构模型，岩体弹性模量为 10 000 MPa，泊松比为 0.2，岩体密度为 4.0×10^3 kg/m³。计算过程仅一步，即地应力场平衡计算。侧压力计算通过添加如下所示的关键词来实现。

　　INP 文件中定义初始应力和侧压力系数的命令流：

　　**———侧压力系数和初始应力的定义 ———————-

　　*initial conditions,type=stress,GEOSTATIC

　　e,−4.0e8,0.00,−4.0e8,20.00, 0.30, 0.62

　　待反演参数为水平方向的两个侧压系数 λ_h 和 λ_v。计算模型如图 4.4 所示。

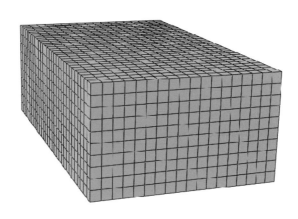

图 4.4　计算模型示意图

2. 反演方法的基本过程

　　反演分析的程序框图如图 4.5 所示。

　　采用 MATLAB 语言来实现以上介绍的遗传算法，MATLAB 语言中提供了遗传算法的程序包。其具体实施步骤如下：

　　(1) 在 MATLAB 程序中调用 Abaqus 命令流文件，并通过 System 命令调用 Abaqus 进行计算。

　　(2) 通过 Fopen 命令调用 Abaqus 结果文件，计算目标函数。

　　(3) 在 MATLAB 语言中编写遗传算法程序，对目标函数进行优化计算。

　　(4) 通过 MATLAB 语言，修正 INP 文件中的待反演参数。

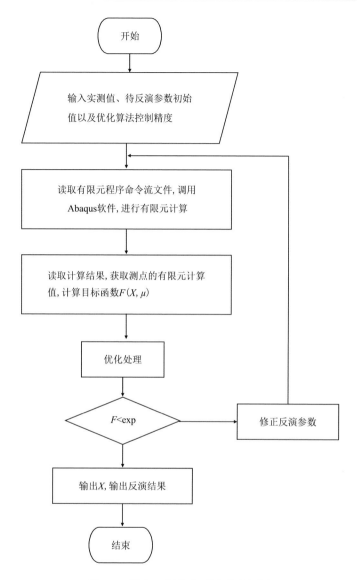

图 4.5　岩土工程优化反演程序框图

遗传算法的具体设置如下：

lb=[0.01 0.01];

ub=[0.99 0.99];

inipop=[lb;ub];

options=gaoptimset('display','iter');

options=gaoptimset(options,'plotfcns',@gaplotbestf);

options=gaoptimset(options,'MutationFcn',@mutationuniform);

options=gaoptimset(options,'crossoverfraction',0.8);

options=gaoptimset(options,'migrationfraction',0.2);

options=gaoptimset(options,'populationsize',200);

options=gaoptimset(options,'stalltimelimit',500);

options=gaoptimset(options,'hybridfcn',@fminsearch);

options=gaoptimset(options,'PopInitRange',inipop);

[x,fval]=ga(@abaqus,2,options);

3. 反演结果分析

以测点 250 的 3 个地应力值为实测值进行反演,采用最小二乘法构建目标函数。测点的位置如图 4.6 所示,依据这些"实测应力值"再结合遗传优化反演法获得侧压力系数。适应度值变化规律如图 4.7 所示,计算发现采用遗传算法优化两个参数需要大量的重复计算,对于规模较大的有限元模型,这一计算非常耗时,所以需要进一步改善算法或者尽量简化有限元模型。

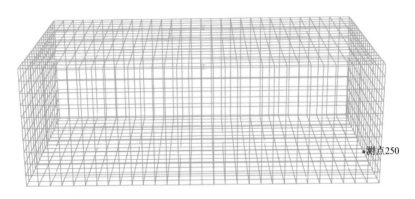

图 4.6　测点位置示意图

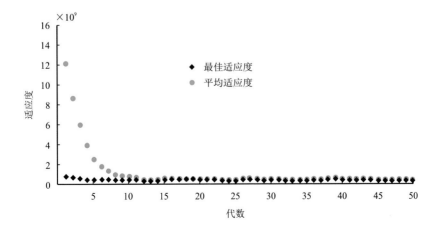

图 4.7　适应度值变化趋势图

待反演参数为两个水平侧压力系数,其具体的设置如表 4.1 及表 4.2 所示,采用约束优化模型作为反演模型,其中,$0.01<\lambda_h<0.99$,$0.01<\lambda_v<0.99$。

表 4.1 反演结果与真实参数对比

	λ_h	λ_v
实际值	0.49	0.23
反演区间	(0.11~0.99)	(0.11~0.99)
反演结果	0.49	0.23

表 4.2 测点实测值和反演值

	σ_1/MPa	σ_2/MPa
实测值	−98	−46
反演值	−98	−46

从表 4.1 和表 4.2 所示的反演结果中可见,侧压力系数的反演结果与真实值一致,反演所得的测点应力也与实测值一致。由此可知,遗传算法全局搜索能力强,反演参数精度高,本章给出的基于遗传算法的初始地应力反演算法是正确和可行的。本方法的实现为初始地应力的确定提供了有效的途径,也可以进一步来优化岩体的材料参数。

4.2 实际区块地应力场数值模拟

4.2.1 地质模型的建立

本项目共建立了 M11 和 S382 两个地质模型。

M11 区块位于头台油田东部开发区的南部。最小渗透率 1.12 mD,最大渗透率 8.60 mD,平均渗透率为 4.87 mD。M11 区块为微裂缝发育区,微裂缝视面密度为 0.302~0.936 条/cm²。该区块初期注水压力为 6.5 MPa,4 年后注水压力上升到目前的 10 MPa,初期单井日产油 3.0 t,目前单井日产油 2.9 t,采油强度 0.216 t/(d·m)。

S382 区块位于榆树林油田北部,主要开采扶杨油层,平均孔隙度 12.3%,平均空气渗透率 2.95 mD。该区块 1999 年投入开发,与榆树林油田其他同类井区相比,开发过程中表现出含水率上升迅速、产量递减快的特点。井区 300 m×300 m 反九点面积注水井网开发,开发 4 年含水达到 38.5%。该区块与 M11 区块的区别在于断层较发育。

由于地应力分析是针对整个地层,所以 M11 区块在原 Petrel 地质模型的基础上,增加了隔夹层,使之成为一个完整的模型。图 4.8 为 M11 区块模型的有限元网格剖分图。其中绿色区域为非含油层,主要为泥岩,灰色部分为储层。整个模型共剖分 89 010 个实体单元,沿 Z 方向一共划了 18 层网格,代表有 18 个岩层,从顶层开始数为第一层,以此类推,最下面一层为 18 层。图 4.9 为油水井分布图,其中蓝色代表油井,红色代表水井。增加油水井后,整个模型总计划分为 90 412 个单元和 97 128 个节点,计算规模很大。

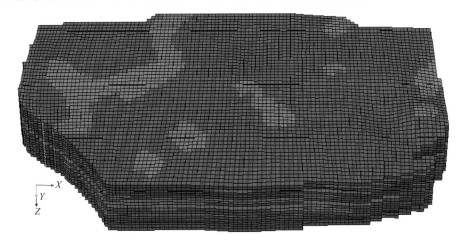

图 4.8　M11 区块有限元网格划分

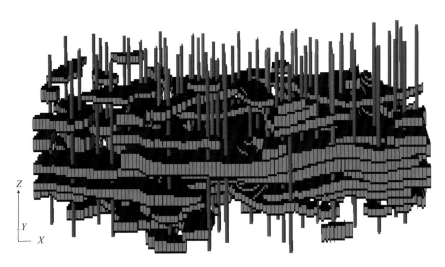

图 4.9　M11 区块油水井分布图

　　第二个地质模型为 S382 区块,图 4.10 为 S382 区块地质模型的有限元网格划分图,图 4.11 为 S382 区块油水井分布图。该模型共剖分 102 166 个单元,109 096 个节点。模拟区块中,有油井 40 口,水井 12 口。

　　该计算区块中发育大量断层,采用扩展有限单元模拟。

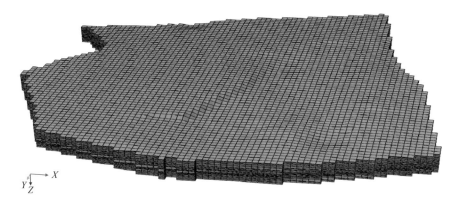

图 4.10　S382 区块有限元网格划分

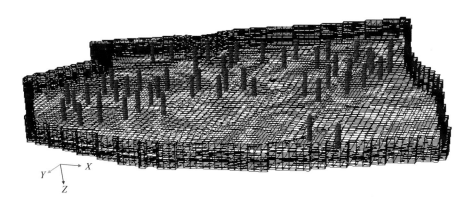

图 4.11　S382 区块油水井分布图

4.2.2　实际区块地应力场反演

　　计算过程中,岩土力学参数和本构模型采用实验测试结果和前面建立的流固耦合力学模型,反演的目标是加载力学边界,即上覆应力和水平应力。反演分析实际是一种寻优的方法,即找到最合适的加载条件,加载是否合理采用实际得到的套变资料来校验。

　　数值计算过程中采用 Mohr−Coulomb 准则作为岩石的屈服条件,岩层的材料参数见表 4.3。

　　以表 4.4 所示的 5 个油井套管变形作为优化目标,反演优化函数为

$$\varPsi = \sum_{k=1}^{n} (\Delta u_{ij}^{ck} - \Delta u_{ij}^{mk})^2 \qquad (4.16)$$

　　该反演模型共 5 个参数,记现场实测点的变形值为 $\Delta u_{ij}^{mk}(k = 1, 2, \cdots, n)$,有限元计算所得的相应测点的变形值为 $\Delta u_{ij}^{ck}(k = 1, 2, \cdots, n)$。

表 4.3　M11 区块地应力计算参数

参　数	符　号	数　值	单　位
油/水井半径	r	0.05	m
砂岩弹性模量	E_1	7 000	MPa
泥岩弹性模量	E_2	2 600	MPa
砂岩泊松比	μ	0.4	—
泥岩泊松比	μ	0.1	—
泥岩内摩擦角	φ_1	45	—
砂岩内摩擦角	φ_2	—	—
泥岩孔隙度	ϕ_1	0.01	—
砂岩孔隙度	ϕ_2	0.10	—
泥岩初始渗透率	k_{01}	0.008	mD
砂岩初始渗透率	k_{02}	0.12	mD
泥岩抗压强度	f_{r1}	20	MPa
砂岩抗压强度	f_{r2}	90	MPa
油密度	ρo	810	t/m³
水密度	ρw	1 000	t/m³

表 4.4　M11 区块套管变形实测和模拟结果对比

井号	井别	套变年份	射孔井段/m	变点深度/m	套管最大直径/mm
M111	水转油	2004	1 190.8~1 369.2	1 248.5	80.5
M60-90	水转油	2003	1 198.0~1 376.2	1 304.6	86.0
M62-92	水转油	2004	1 161.4~1 335.4	1 056.0	78.0
M60-84	水转油	2005	1 298.2~1 472.4	78.3	100.0
M63-93	水转油	2004	1 179.4~1 298.6	1 195.0	104.0

初始地应力的搜索范围为 15~45 MPa。反演结果为 M11 区块上覆应力为 20.0 MPa，最大水平主应力为 24MPa，最小水平主应力为 21.0 MPa。由于没有 S382 区块套变实测数据，因此该区块上浮地层压力由 M11 区块反演压力通过埋深线性插值得到，为 30.7 MPa。

4.2.3　基于反演的地质模型应力分析

1. M11 区块应力分析及套变预测

通过地应力反演确定 M11 区块的上浮应力后，建立整个区块的有限元模型(包括水井和油井)，地质模块有限元模型的初始边界条件如图 4.12、图 4.13 所示，侧面约束 X 和 Y 方向位移，模型底部约束 Z 方向的位移。

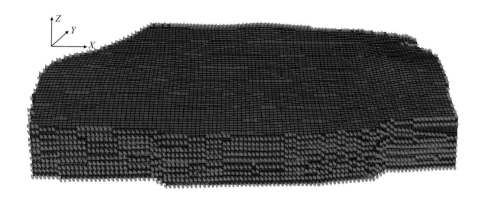

图 4.12　有限元模型中的水平方向施加载荷

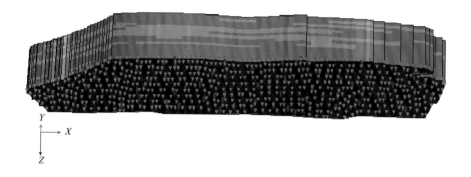

图 4.13　有限元模型的模型底部采用位移约束

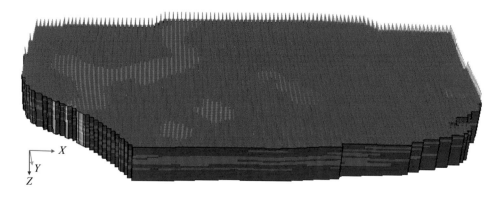

图 4.14　在顶端施加 21.0 MPa 有效压力的有限元模型

在地质模型顶端施加 20.0 MPa 的荷载, 东西向施加 24.0 MPa 的荷载, 南北向施加 21.0 MPa 的载荷, 如图 4.14 所示。图 4.15 中绿色的管套为油井, 红色的管套为注水井, 油井井压为 3.0 MPa, 注水井井压为 20.0 MPa。最后计算

0.5年、1.5年、5.0年、8.0年以及13.0年后整个地质模型的位移、应力、套管的应力、渗流趋势及流量变化情况。

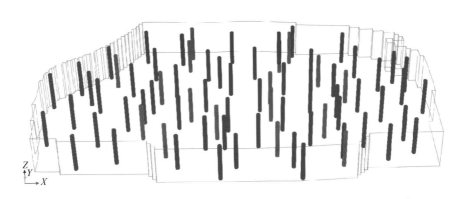

图4.15   施加3.0 MPa的油井压强和20.0 MPa的注水井压强

（1）开发0.5年后地质模型及井组应力分布如图4.16~图4.18所示。

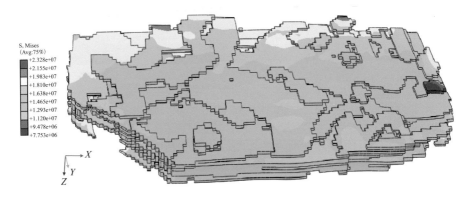

图4.16   开发0.5年后岩层的应力分布

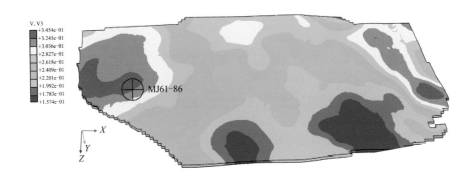

图4.17   FI5层的位移分布

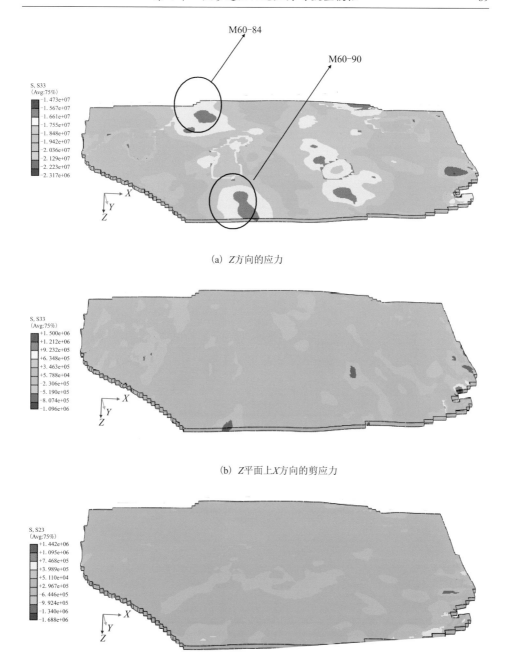

(a) Z方向的应力

(b) Z平面上X方向的剪应力

(c) Z平面上Y方向的剪应力

图 4.18　地质模型 FI5 层应力分布

　　从图 4.17 中可见, 开发 0.5 年后, FI5 层左右两端位移较大, 中部位移较小。在应力较大或位移较大的区域出现了套损。图 4.18 所示 FI5 层应力分布表现为中部较大,两端除局部有应力集中现象外,应力较小。

(2) 开发 1.5 年后 FI5 层地质模型及井组应力分析如图 4.19~ 图 4.22 所示。

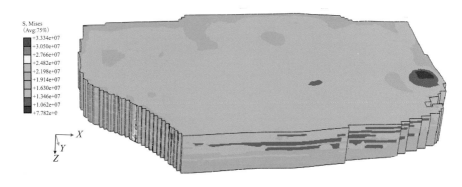

(a) 整个地质模型应力分布

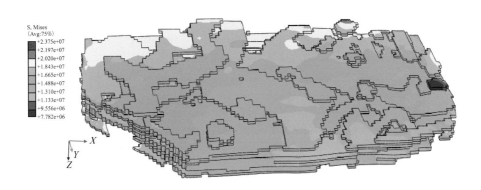

(b) 储油层应力分布

图 4.19　开发 1.5 年后岩层的应力分布

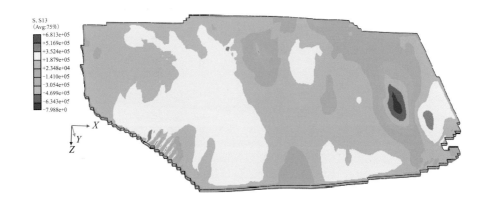

图 4.20　地质模型底层应力分布

图 4.21 地质模型 FI5 层应力分布

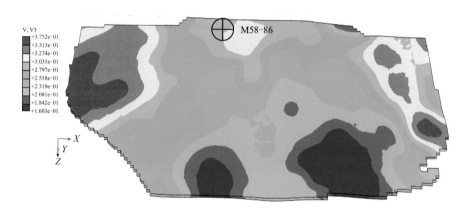

图 4.22 开发后 FI5 层的位移分布

（3）开发 5 年后 FI5 层地质模型及井组应力分布如图 4.23 所示。

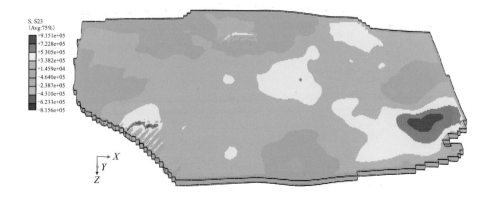

图 4.23 地质模型 FI5 层应力分布

（4）开发 8 年后地质模型及井组应力分布如图 4.24 所示。

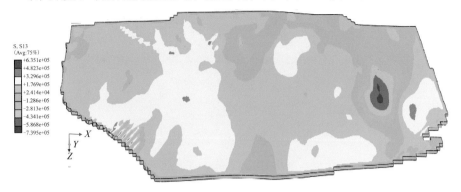

(a) Z平面上X方向应力分布

(b) Z平面上Y方向应力分布

图 4.24　地质模型 FI5 层应力分布

（5）开发 13 年后 FI5 层地质模型及井组应力分布如图 4.25、图 4.26 所示。

图 4.25　地质模型 FI5 应力分布(Z 方向)

(a) Z 平面上 X 方向应力分布

(b) Z 平面上 Y 方向应力分布

图 4.26　地质模型 FI5 应力分布(Z 平面上 X、Y 方向)

(6) 开发稳定后地质模型及区块应力分析如图 4.27~图 4.31 所示。

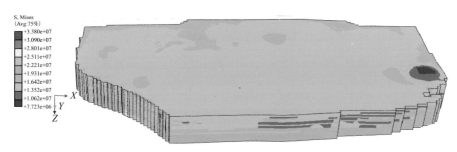

(a) 整个地质模型应力分布

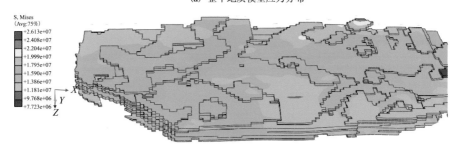

(b) 储油层应力分布

图 4.27　开发 20.0 年后岩层应力分布

(a) Z平面上X方向的剪应力

(b) Z平面上Y方向的剪应力

图 4.28 地质模型底层应力分布

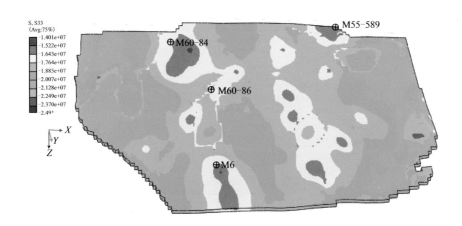

图 4.29 地质模型 FI5 层应力分布(Z 方向)

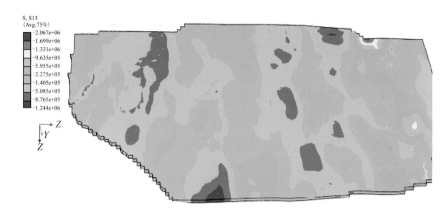

(a) Z 平面上 X 方向的剪应力

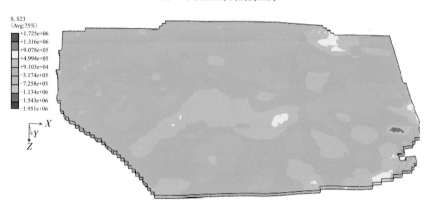

(b) Z 平面上 Y 方向的剪应力

图 4.30　地质模型 FI5 层应力分布(Z 平面上 X、Y 方向)

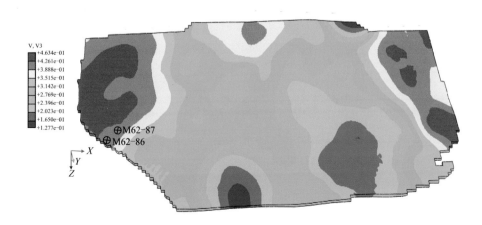

图 4.31　开发 20.0 年后 FI5 层的位移分布

图 4.29 所示开发稳定后 FI5 层应力分布形式变化不大, 强度上变大, 仍表现为中部较大, 两端除局部有应力集中现象外, 应力较小。从图 4.31 中可见, 开发稳定后, FI5 层左右两端大位移扩大, 中部小位移变小。在应力较大或位移较大的区域出现了套损。从套管变形部位可以看出, 在泥岩部位含水率较低时, 套变点主要位于泥岩层的底部; 当泥岩完全饱和后, 套变点主要位于泥岩层的顶部。套管在泥岩部位主要是受到拉挤作用力而发生破坏。因此, 减少泥岩浸水, 对套管保护具有十分重要的意义。

套管变形预测值和实际套变数据见表 4.5, 实际套管变形后的最小直径和计算的套管变形后最小直径对比发现, 两者变形趋势一致, 计算值和实际变形值相差不大, 符合率达到 86%。这说明, 本书应力场计算模型和计算结果合理可信。

通过对 M11 区块应力场数值模拟发现, 地应力在开发前期变化最明显, 之后趋于缓和。当注水井井口注水压力提高到 11 MPa 后, 由于微裂缝主要是东西向, 注入流体主要沿着东西方向流动, 南北方向储层岩体损伤明显, 在南北方向的微裂缝开度增加。南北方向地应力逐渐增大, 最大和最小主应力差值逐渐变小。

表 4.5　套管变形实测值与反演预测值

序号	井号	井别	套变年份	套损类型	变点深度/m	套管变形后的最小直径/mm	反演预测最小直径/mm	预测误差/%
1	M6092	水井	1998	变形	1 229.20	107.0	98.3	8.13
2	M63-93	水转油	2004	变形	1 195.00	104.0	97.8	5.96
3	M60-92	水转油	2004	变形	1 162.70	114.0	109.0	4.39
					1 174.50	114.0	106.4	6.67
4	MJ62-90	油转水	2004	变形	1 162.20	108.0	106.0	1.85
5	M64-90	水转油	2004	变形	1 160.30	116.0	109.8	5.34
					1 180.50	114.0	106.5	6.58
					1 256.00	114.0	108.8	4.56
6	M62-90	水转油	2004	变形	1 182.50	112.0	107.3	4.20
					1 215.50	112.0	105.3	5.98
					1 233.00	104.0	98.5	5.29
7	M61-92	油井	2004	变形	1 019.00	114.0	93.5	17.98
					1 069.60	85.0	78.5	7.65
8	M111	水转油	2004	错断	1 248.50	80.5	72.3	10.19
9	M56-86	水井	2000	变形	1 275.00	107.0	98.5	7.94
11	M62-92	水转油	2004	错断	1 056.00	78.0	110.0	41.20

续表

序号	井号	井别	套变年份	套损类型	变点深度/m	套管变形后的最小直径/mm	反演预测最小直径/mm	预测误差/%
13	M63-87	油井	2004	错断	906.70	87.0	102.5	17.82
14	M63-91	油井	2005	错断	967.40	80.0	105.8	32.25
15	M60-88	水转油	2005	变形	1 275.60	108.0	110.3	2.12
16	M60-84	水转油	2005	错断	1 277.90	105.0	96.5	8.10
					78.30	100.0	97.4	2.60
17	M55-S89	水转油	2005	变形	1 376.50	102.0	95.6	6.27
18	M62-86	水转油	2005	变形	1 296.40	110.0	101.0	8.18
					1 311.80	114.0	106.8	6.32
19	M60v86	水转油	2005	变形	1 245.20	114.0	107.7	5.53
					1 248.30	113.0	107.3	5.04
					1 295.90	113.0	110.3	2.39
					1 314.20	115.0	108.6	5.57
20	M58-86	水转油	2005	变形	1 239.50	113.0	109.8	2.83
					1 276.60	110.0	104.7	4.82
					1 363.80	114.0	106.8	6.32
					1 417.50	116.0	108.6	6.38
21	MJ61-86	水井	2007	变形	1 335.70	114.0	108.6	4.74
					1 340.50	114.0	112.4	1.40
					1 360.50	114.0	117.2	2.81
22	M61-91	油转水	2008	变形	1 157.80	115.0	107.6	2.25
					1 194.4	114.0	111.6	2.11
					1 226.2	115.0	110.7	3.74
					1 265.5	114.0	112.0	1.75
					1 300.5	115.0	112.9	1.83
					1 376.8	114.0	109.4	4.04
23	M63-91	油井	2008	变形	967.40	45.0	83.5	85.50
25	M64-94	油转水	2008	变形	1 197.40	115.0	106.5	7.39
					1 232.10	114.0	101.3	11.14
26	M111	油转水	2008	变形	1 284.40	80.5	105.3	30.81
27	MJ63-90	水转油	2008	变形	1 195.25	114.0	102.3	10.26
					1 218.36	115.0	99.8	13.22
					1 235.57	114.0	101.5	10.96
28	MJ64-92	水转油	2008	变形	1 267.70	115.0	103.5	10.00
29	MJ64-94	水转油	2008	变形	1 219.70	116.0	102.3	11.81

2. S382 区块应力分析及套变预测

图 4.32 为开发 20 年计算稳定后，S382 区块的 Mises 应力分布图。图 4.33 及图 4.34 分别为该区块水平剖面剪应力和位移计算结果。从剪应力分布和位

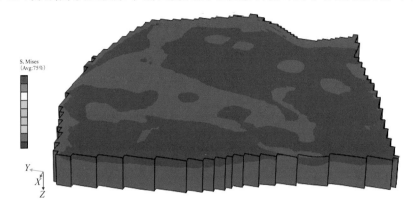

图 4.32　开发稳定后岩层应力分布

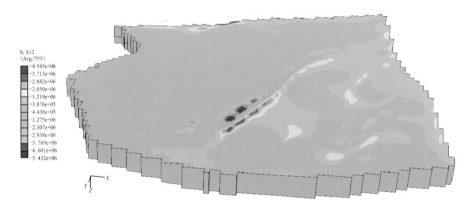

图 4.33　X 平面上 Y 方向的剪应力

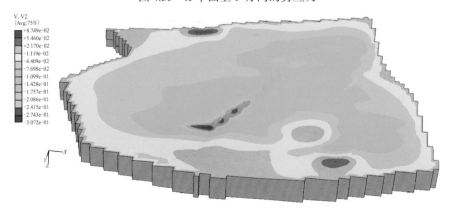

图 4.34　水平剖面 Y 方向的位移

移结果可以看出,S382断层在注水过程中,受到明显的张应力作用,断层有开启的趋势。因此,原来认为是密封的断层,在注水过程中,密封性可能发生改变而成为渗流通道。因此,注水过程中,应设法避免断层密封性被破坏,在开发方案设计和调整过程中,应避免使注入水进入断层。在注水压力达到14 MPa时断层开启,渗透性增强。

4.2.4　射孔部位对套管应力的影响

实际油田的射孔井段是根据储油层的情况来确定的,没有一定的规律性。下面将分析在同一地质模型中不同的射孔井段对套管应力的影响。有限元模型中位移边界条件和载荷条件与上节一致,只是赋予油井井压和水井井压的位置有所区别。

1. 射孔井段位于套管上端

图4.35(a)中红色部分为油井的射孔井段,图4.35(b)红色部分为注水井的射孔井段。

(a) 油井井压

(b) 注水井井压

图 4.35　井压力施加位置

图4.36(a)为渗透动态稳定后地质模型的Mises应力分布云图,图4.36(b)为渗透动态稳定后地质模型的s_{11}应力分布云图,图4.36(c)为渗透稳定后储油层的Mises应力分布云图。

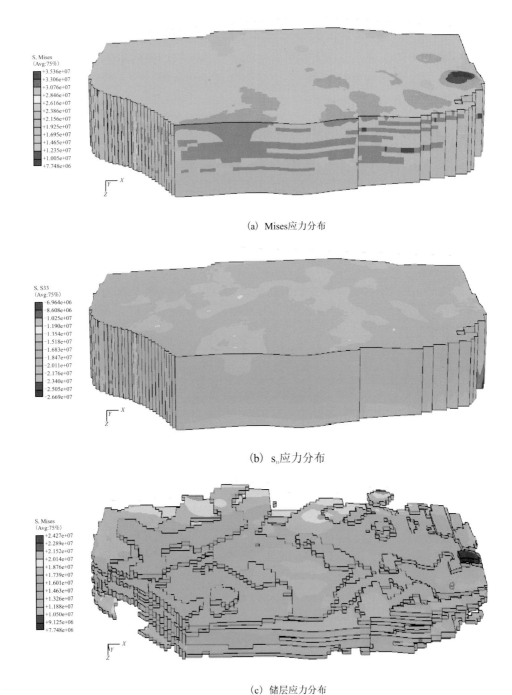

(a) Mises应力分布

(b) s_{33}应力分布

(c) 储层应力分布

图 4.36　岩层应力分布

　　图 4.37 为渗透稳定后地质模型的孔压分布情况。图 4.38(a)为渗流稳定后套管的 Mises 应力分布情况,从图中可以看出,最大应力主要分布在套管底部,

但是也有个别套管中间应力较大。图 4.38(b)为套管稳定后 s_{11} 应力分布情况,最大拉应力出现在套管顶部,但是相对压应力较小。

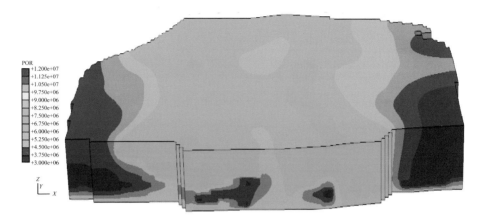

图 4.37　岩层孔隙压力分布

(a)　套管Mises应力分布

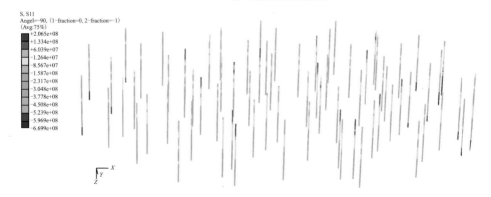

(b)　套管 s_{11} 应力分布

图 4.38　套管应力分布云图

2. 射孔井段位于套管中部

图 4.39(a)中间红色部分为油井的射孔井段,图 4.39(b)中间红色部分为注水井的射孔井段。

图 4.40(a)为渗透动态稳定后的 Mises 应力分布云图,图 4.40(b)为渗透动态稳定后地质模型的 s_{11} 应力分布云图,图 4.40(c)为渗流稳定后储油层的 Mises 应力分布云图。图 4.41 为渗透稳定后地质模型的孔压分布情况。

渗透动态稳定后套管的 Mises 应力分布情况见图 4.42(a),从图中可以看出,最大应力主要分布在套管底部,但是也有个别套管中间应力较大。图 4.42(b)显示的是套管渗透动态稳定后 s_{11} 应力分布情况,最大拉应力出现在套管顶部,但是相对压应力较小。

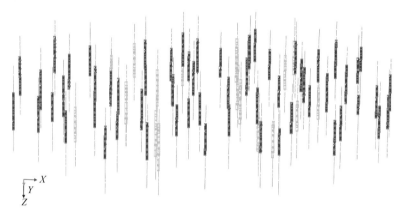

(a) 油井井压

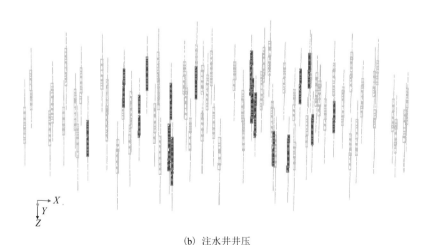

(b) 注水井井压

图 4.39　井压施加位置

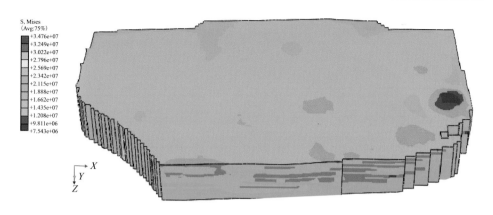

（a）岩石的 Mises 应力分布

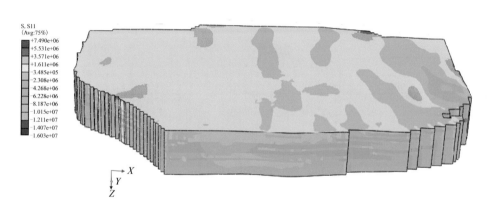

（b）岩石 s_{11} 应力分布

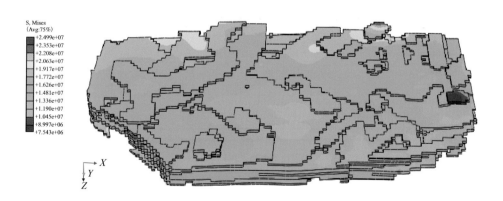

（c）储油层应力分布

图 4.40　岩层的应力分布

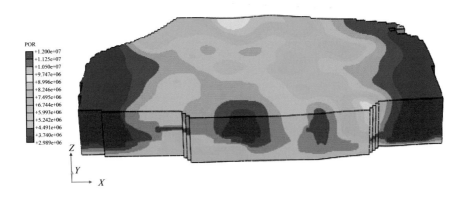

图 4.41　地层孔隙压力分布

(a) Mises应力分布

(b) s_{11}应力分布

图 4.42　套管应力分布

3. 射孔井段位于套管下端

图 4.43(a)中下端红色部分为油井的射孔井段,图 4.43(b)下端红色部分为注水井的射孔井段。图 4.44(a)为渗流稳定后岩层的 Mises 应力分布云图,图 4.44(b)为渗流稳定后岩层的 s_{11} 应力分布云图,图 4.44(c)为渗流稳定后储油层的 Mises 应力分布云图。图 4.45 为渗流稳定后岩层的孔压分布情况。图 4.46(a)为渗流稳定后套管的 Mises 应力分布情况,从图中可以看出,最大应力主要分布在套管底部,但是也有个别套管中间应力较大。图 4.46(b)为套管稳定后 s_{11} 应力分布情况,最大拉应力出现在套管顶部,但是相对压应力较小。

表 4.6 给出了不同位置的射孔井段对套管应力的影响。当射孔井段位于上部井段时,套管最大 Mises 应力为 746.0 MPa;当射孔井段位于下部井段时,套管最大 Mises 应力为 699.9 MPa。两者较为接近,说明不同射孔井段对套管底部的最大 Mises 应力影响较小。当射孔井段在中部井段时,套管顶端的最大拉应力为 109.8 MPa,而其他情况套管顶端的最大拉应力都接近 200.0 MPa,说明射孔位置对套管顶端的拉应力影响明显,但是拉应力相对于套管底部的压应力都显得较小。

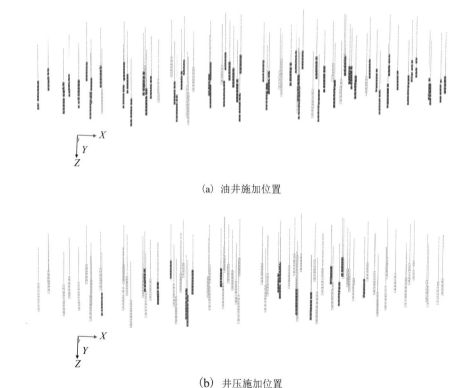

(a) 油井施加位置

(b) 井压施加位置

图 4.43　井压施加位置

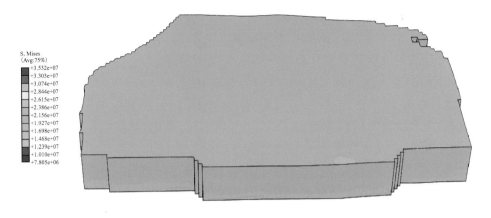

（a）岩石Mises应力分布

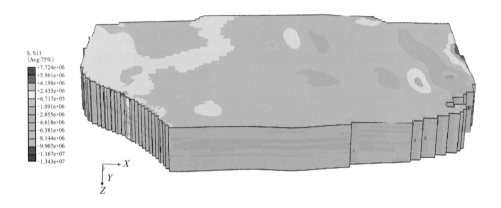

（b）岩石s_{11}应力分布

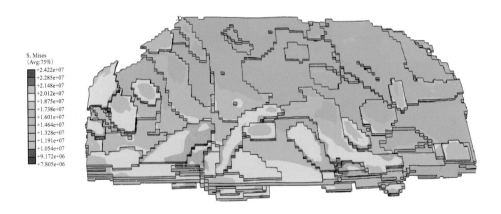

（c）储油层应力分布

图 4.44　岩层应力分布

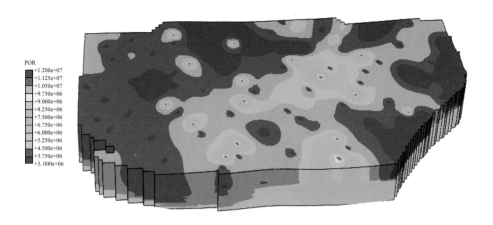

图 4.45　孔压分布云图

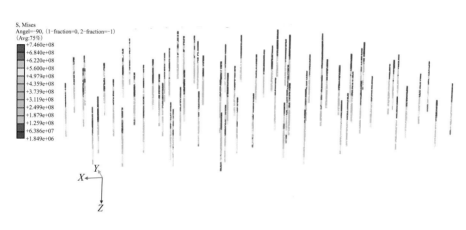

（a）套管 Mises 应力分布

（b）s_{11} 应力分布云图

图 4.46　套管应力分布

表 4.6   射孔井段位置对套管应力的影响

施加井压位置	套管最大 Mises 应力/MPa	套管顶端拉应力/MPa
全部井段	711.5	204.5
上部井段	699.9	206.5
中部井段	706.7	109.8
下部井段	746.0	206.3

4.2.5 岩层含水饱和度对套管应力的影响

泥岩遇水膨胀导致油田开发过程中大量的油水井发生损坏的现象在国内外各大油田均有报道。所以研究非饱和泥岩注水对油水井套管损坏的影响有重要意义,尤其对于注水开发的油田来说,这一工作显得尤为重要。下面针对大庆油田地质条件和生产实际,通过数值模拟分析泥岩饱和度对岩层及套管应力的影响。

有限元模型和前述模型相同,垂向应力为 21 MPa,底部约束 Z 方向位移,模型侧面约束水平位移,模型的材料参数见表 4.3。模型中泥岩和砂岩孔隙的饱和度如图 4.47 所示,砂岩孔隙的饱和度为 1,泥岩孔隙的饱和度小于 1。在地质模型中施加工作井压,渗流动态变化稳定后地质模型的应力分布和孔压分布分别如图 4.48、图 4.49 所示。套管的 Mises 应力分布如图 4.50(a)所示,从图中可以看出最大 Mises 应力为 806.3 MPa。套管 s_{11} 应力分布如图 4.50(b)所示,从图中可以看出最大应力出现在套管顶部,且为拉应力,说明泥岩孔隙饱和度对套管应力的影响非常大。

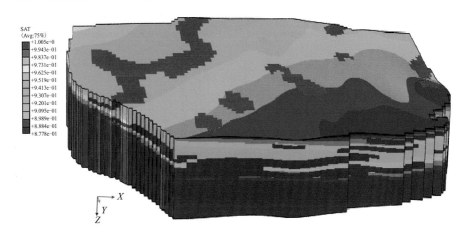

图 4.47   地质模型孔隙饱和度分布

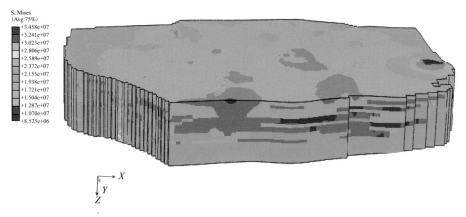

(a) 地质模型Mises应力分布

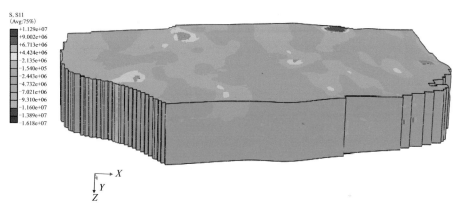

(b) 地质模型s_{11}应力分布

图 4.48　地质模型应力云图

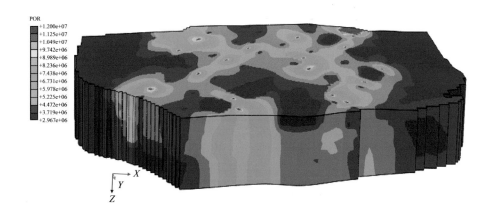

图 4.49　地质模型孔压分布

(a) 套管Mises应力分布

(b) 套管s_{11}应力分布

图 4.50　套管应力分布

地质模型中泥岩孔隙饱和度分布如图 4.51 所示,油水井位置施加工作井压后,渗流动态变化稳定后地质模型的应力分布如图 4.52 所示,孔压分布如图 4.53 所示。套管的 Mises 应力分布如图 4.54(a)所示,从图中可以看出最大 Mises 应力为 830.2 MPa。最大主应力 s_{11} 分布如图 4.54(b) 所示,从图中可以看出最大应力出现在套管顶部,且为拉应力,说明是由于泥岩注水导致套管受到拉应力。

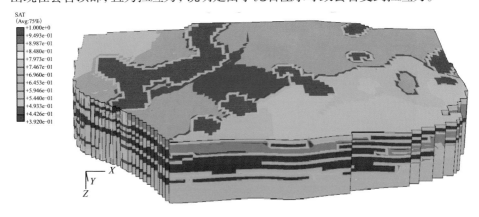

图 4.51　地质模型孔隙饱和度分布图

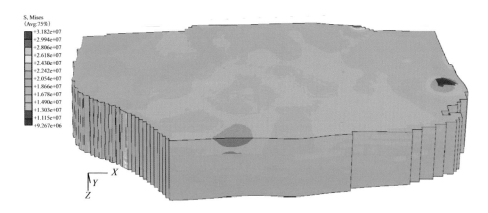

(a) 地质模型中Mises应力分布云图

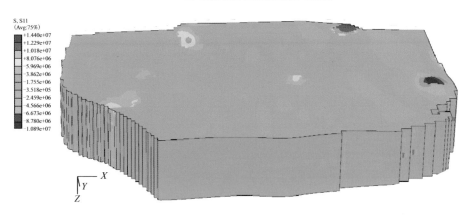

(b) 地质模型中s₁₁应力分布云图

图 4.52　地质模型中的应力云图

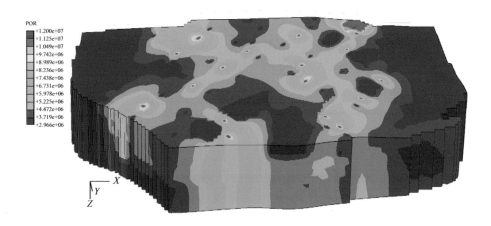

图 4.53　地质模型的孔压分布

(a) 套管Mises应力分布

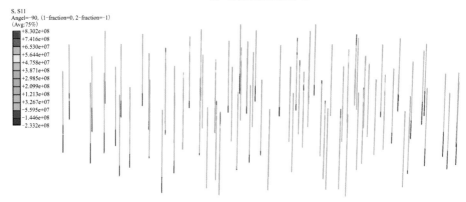

(b) 套管s_{11}应力分布云图

图 4.54　套管的应力分情况

4.3　本　章　小　结

　　本章对大庆油田 M11 区块以及 S382 区块采用遗传算法对初始地应力进行反演,获得初始地应力场,采用渗流场和应力场耦合的数学模型并结合 Abaqus 有限元软件,数值模拟分析了油田渗流和注水对整个地质模型和套管受力的影响,预测了 M11 区块油水井套损情况,反演模型的预测符合率为 86%。通过对地应力场的数值模拟发现,M11 区块开发过程中,地应力在开发初期变化明显,之后变化趋势稳定。加大注水压力,可使地应力发生一定变化。由于东西向微裂缝发育,注入水的渗流主要优势方向也是东西方向,因此,高压注水会导致南北向的有效应力增加,南北向微裂缝受到损伤,裂缝开度增加。水平最大和最小主应力的差值缩小。S382 区块断层窜流明显,当注水压力达到 14 MPa 时,断层开启,渗透能力增强,注入水沿着断层会发生窜流。

以大庆油田 M11 井组为研究对象,采用渗流场和应力场耦合的数学模型并结合 Abaqus 有限元软件,数值模拟分析了油田渗流和注水对整个地质模型和套管受力的影响,主要得到以下结论:

(1) 计算结果表明油气田开发过程中渗流动态变化是引起套管损坏的重要因素,其根本原因是油藏渗流动态变化导致了应力场重新分布。

(2) 通过数值模拟分析油水井的采注时间对地质模型和套管应力的影响发现,刚开始的 0.5 年油水的渗流动态变化对套管的应力影响明显,0.5 年以后油水的渗流动态变化对套管应力的影响逐渐减弱。

(3) 射孔井段的位置对套管的最大 Mises 应力影响较小,对最大 Mises 应力发生的位置的影响也有限,因此,在数值模拟分析中不必过多考虑射孔井段的位置,同时也表明在实际生产中通过改变射孔位置来避免套管受损这种方法的效果是有限的。

(4) 数值模拟分析发现,当泥岩孔隙饱和度为 1 时,套管的最大 Mises 应力发生在地质模型底部,当泥岩孔隙饱和度小于 1 时,套管的最大 Mises 应力发生在地质模型顶部,泥岩孔隙饱和度对套管最大 Mises 应力出现的位置有重要的影响。从另一角度看,对于相同的有限元模型,泥岩孔隙饱和度小于 1 与泥岩孔隙饱和度为 1 的套管的最大 Mises 应力的比值约为 1.3,这也表明泥岩孔隙饱和度对套管最大 Mises 应力有明显的影响。

(5) 多种工况的计算结果表明注采会导致油井套管的最大 Mises 应力明显提高,从而诱发套管破坏。

第 5 章　M11 区块渗漏及窜流数值模拟

本章以 M11 区块为例,建立渗漏和窜流模拟的数值计算模型,分别对考虑隔夹层渗漏和不考虑渗漏两种情况进行数值分析,并针对影响渗漏、窜流的主要影响因素,如夹层孔隙度、日注水量、井底流压等因素进行敏感性分析,得到该区块渗漏窜流的主要影响机制,最后根据数值模拟的结果,提出该区块渗漏和窜流的防控措施。

5.1　渗漏及窜流数值模拟研究

5.1.1　不含夹层模型

为了清晰地显示注入流体的流动状况,下面采用流线模拟器来对比分析考虑夹层和不考虑夹层时储层中注入水的流动趋势。

根据现场提供的地质资料,建立 M11 区块数值模型,平面 X、Y 方向网格数为 108、53,纵向上划分 18 个模拟层,纵向上从上到下油层依次为 FI1、FI2、FI3、FI4、FI5、FI6、FI7、FI8、FII1、FII2、FII3、FII4、FII5、FIII1、FIII2、FIII3、FIII4、FIII5。模型内部含有对开发无效的夹层,为了对比,将夹层先剔除掉,然后再补充为一定孔隙度和渗透率的夹层,去除弱层后的模型如图 5.1 所示。

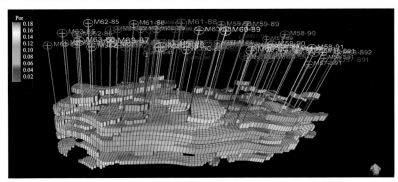

图 5.1　不含夹层数值模型

根据模拟结果,给出不同时刻储层中水相流线在空间的分布情况,主要包括平面和纵向分布。

1. 平面水相流线

从水相流线的平面变化及分布情况图 5.2 看,随着开发的进行,水相在注水井附近流线较为密集,且流速强度较高,远离注水井处水相流线较为稀疏。

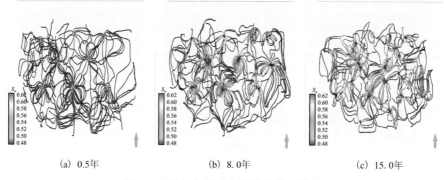

(a) 0.5 年　　　　　(b) 8.0 年　　　　　(c) 15.0 年

图 5.2　不含夹层时水相流线平面分布

2. 纵向水相流线

从水相流线纵向分布图 5.3 看,和平面分布规律类似,纵向流线只分布在储层位置,非储层位置基本不出现水相流线。

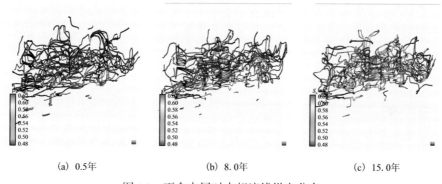

(a) 0.5 年　　　　　(b) 8.0 年　　　　　(c) 15.0 年

图 5.3　不含夹层时水相流线纵向分布

3. M58-88 井流线

前面对从整体上注入水进入储层后的流动趋势进行分析,下面从局部来看注入水在注水井近井地带的流线分布,主要从平面和纵向分布来看其流线分布情况。M5-88 井地质剖面如图 5.4 所示。

M58-88 井经过储层中,FI1、FI2、FI3、FI4、FI7、FII1、FII3、FII4、FIII1、FIII2 均为夹层,只有 FI5、FI6、FII2、FII5 为油层。该井平面流线分布如图 5.5 所示。

从 M58-88 注水井近井地带的水相流线在平面上的分布情况来看,随着开发的进行,注入水在该井附近的流线从开发初期逐渐加密,说明水相饱和度在该井周围越来越大,流线的颜色即能说明该井周围的含水饱和度变化情况。周围水相饱和度在增大的同时,水相流线向远处延伸,扩大波及范围。M58-88井在纵向剖面上的流线分布情况如图5.6所示。

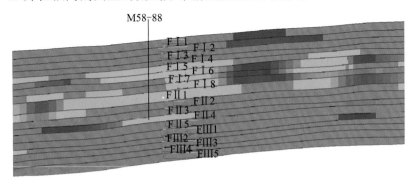

图 5.4　M58-88 井地质剖面

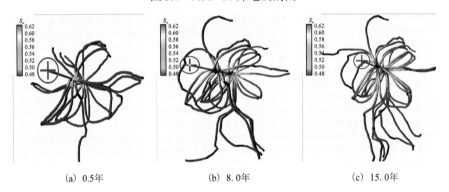

(a) 0.5年　　　　　　(b) 8.0年　　　　　　(c) 15.0年

图 5.5　不含夹层时 M58-88 井流线平面分布

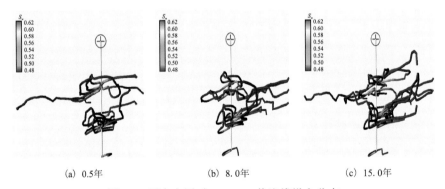

(a) 0.5年　　　　　　(b) 8.0年　　　　　　(c) 15.0年

图 5.6　不含夹层时 M58-88 井流线纵向分布

从 M58-88 井的纵向流线分布情况看,水相流线也只分布在该井射孔的油层部位,水相主要在 FI5、FI6、FII2、FII5 层流动。

不含夹层时储层 FI5 层含水饱和度分布结果如图5.7所示,可以看出,随着开发的进行,注入井周围的含水饱和度从束缚水饱和度逐渐提高,然后向油层扩散,但注入水只在油层中流动。

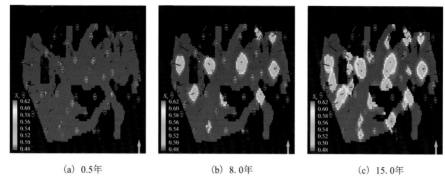

(a) 0.5年　　　　　　(b) 8.0年　　　　　　(c) 15.0年

图 5.7　不含夹层时含水饱和度平面分布

M62-86、M58-90、M60-88 井剖面上含水饱和度在注水 0.5 年、8.0 年、15.0 年时的分布如图 5.8 所示。从图 5.8 中看出,随着开发的进行,注入水在纵向剖面上向两端流动,注水井周围含水饱和度提高,但是这种提高也只局限在油层范围。

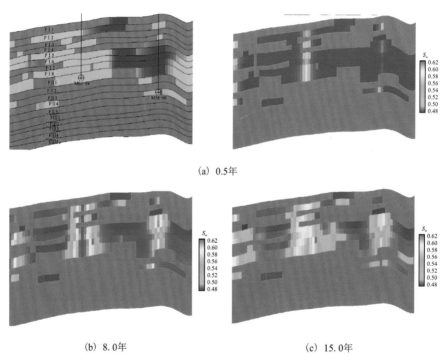

(a) 0.5年

(b) 8.0年　　　　　　(c) 15.0年

图 5.8　不含夹层时 FI5 层含水饱和度分布

不含夹层时储层 FI5 层含油饱和度分布情况,如图 5.9 所示。在开发初期阶段,注水井周围的含油饱和度逐渐降低,远离注水井的位置含油饱和度有所升高,到开发后期,注水井周围的含油饱和度降到残余油饱和度,而油层整体的含油饱和度有所降低。

M62-86、M58-90、M60-88 井剖面上含油饱和度如图 5.10 所示。注水井周围的含油饱和度的变化和平面上的规律类似,由于图 5.10 中的几口注水井在后期停止注水,因此,其周围的含油饱和度在后期又有所升高,主要是由于油层的油相在停止注水后向注水井方向回流造成的。给出储层 FI5 层孔隙压力在不同时刻的分布情况,如图 5.11 所示。

随着开发的进行,储层孔隙压力逐渐降低,这和储层地应力升高是对应的。

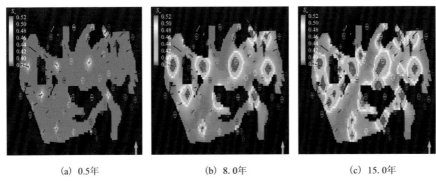

(a) 0.5年　　　　　　(b) 8.0年　　　　　　(c) 15.0年

图 5.9　不含夹层时 FI5 层含油饱和度分布

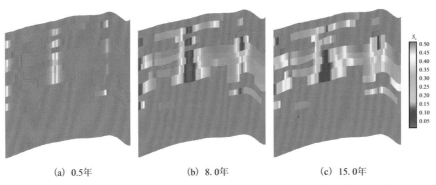

(a) 0.5年　　　　　　(b) 8.0年　　　　　　(c) 15.0年

图 5.10　不含夹层时 M62-86、M58-90、M60-88 井剖面含油饱和度分布

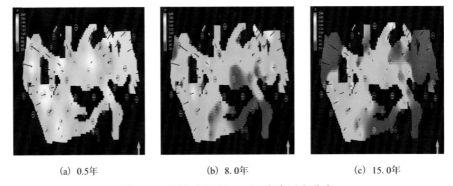

(a) 0.5年　　　　　　(b) 8.0年　　　　　　(c) 15.0年

图 5.11　不含夹层时 FI5 层孔隙压力分布

5.1.2 含夹层无裂缝模型

根据前面的模拟结果及分析,进入储层里面的水不可能完全都进入有效油层而 100% 起到驱油的作用。下面考虑夹层的渗透性和储集空间,把夹层也加载到模型中来,分析夹层的存在对储层流场的影响。计算中,设定夹层的初始孔隙度为 0.001,初始渗透率为 0.01 mD,以此来模拟夹层对注水效果的影响。含夹层的数值模型如图 5.12 所示。

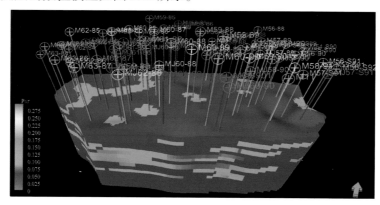

图 5.12　含夹层的数值模型

1. 含夹层时水相流线平面分布

含夹层时水相流线平面分布如图 5.13 所示。从图 5.13 中看出,考虑了夹层后,水相流线平面上的分布范围更广,说明水相不仅在油层内流动,在夹层内也有流动,水相进入了夹层。

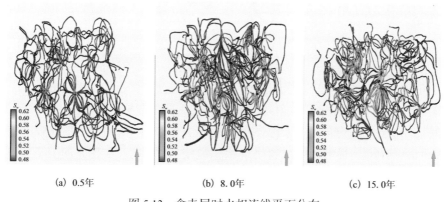

(a) 0.5年　　　　　(b) 8.0年　　　　　(c) 15.0年

图 5.13　含夹层时水相流线平面分布

2. 纵向水相流线

为更好地说明水相在开发过程中也进入了夹层,给出注入水在纵向上的分布情况如图 5.14 所示。可以看出,与未考虑夹层的情况相比,水相在纵向剖面上的流线分布范围伸展到了更广的空间,即水相不但在油层内流动,也在对开发无效的夹层内流动,这势必引起注入水的损失而影响注水效率。

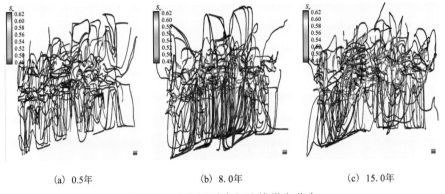

(a) 0.5年　　　　　(b) 8.0年　　　　　(c) 15.0年

图 5.14　含夹层时水相流线纵向分布

3. M58-88 井流线

M58-88 井近井地带水相流线在平面上的分布情况如图 5.15 所示。可以看出,水相流线在该井周围的变化情况和不考虑夹层时差不多。

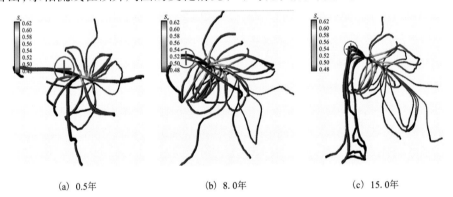

(a) 0.5年　　　　　(b) 8.0年　　　　　(c) 15.0年

图 5.15　含夹层时 M58-88 井水相流线平面分布

同样,给出 M58-88 井纵向剖面上水相流线分布情况,如图 5.16 所示。从图 5.16 中看出,水相流线在 M58-88 井纵向上的变化规律和不考虑夹层情况类似,只是在空间分布上,考虑了夹层后该井纵向水相流线分布范围有所延伸,而且在井筒上有更多的位置出现水相流线,说明注入水在纵向上不仅在储层内流动,还在夹层内流动。

图 5.17 为含夹层时 FI5 层含水饱和度在不同阶段的平面分布情况。由图可以看出,随着注水的进行,储层含水饱和度变化的总体趋势和不考虑夹层时类似,只是局部变化大小有所改变。考虑夹层后的注水井周围含水饱和度变化范围有所减小,且变化的数值也有所降低,其主要原因是夹层存在后,水相同时在油层和夹层流动,势必会减少进入油层里面的水量,最终导致注水井周

围的饱和度变化减缓。

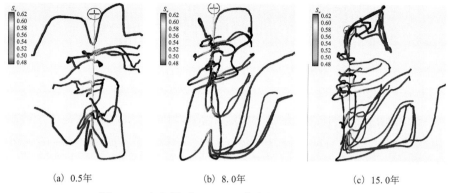

(a) 0.5年　　　　　　(b) 8.0年　　　　　　(c) 15.0年

图 5.16　含夹层时 M58-88 井水相流线纵向分布

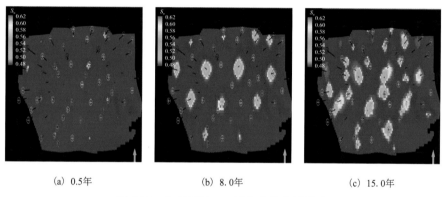

(a) 0.5年　　　　　　(b) 8.0年　　　　　　(c) 15.0年

图 5.17　含夹层时 FI5 层含水饱和度分布

　　M62-86、M58-90、M60-88 井剖面上注水 0.5 年、8.0 年、15.0 年时含水饱和度的分布，如图 5.18 所示。从图 5.18 中看出，和前面不考虑夹层时相比，油层纵向的水相饱和度变化范围稍大，只是变化趋势减缓，注水井周围的含水饱和度不只在储层变化，而且在夹层也变化，说明储层和夹层都进水了，这和实

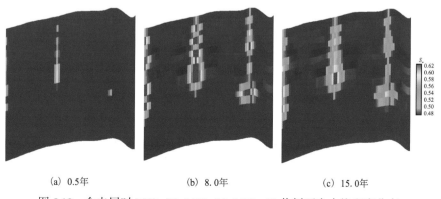

(a) 0.5年　　　　　　(b) 8.0年　　　　　　(c) 15.0年

图 5.18　含夹层时 M62-86、M58-90、M60-88 井剖面含水饱和度分布

际地质情况接近了一步。

　　图 5.19 是 FI5 层含油饱和度在注水 0.5 年、8.0 年、15.0 年时的平面分布情况。图 5.20 给出了注水 0.5 年、8.0 年、15.0 年时 M62-86、M58-90、M60-88 井剖面上含油饱和度的纵向分布。平面和纵向的饱和度变化情况与含水饱和度在两个方向的变化规律类似,同样夹层里面也有流体的流动。

　　孔隙压力在 FI5 层平面上的分布情况见图 5.21。与不考虑夹层情况相比,

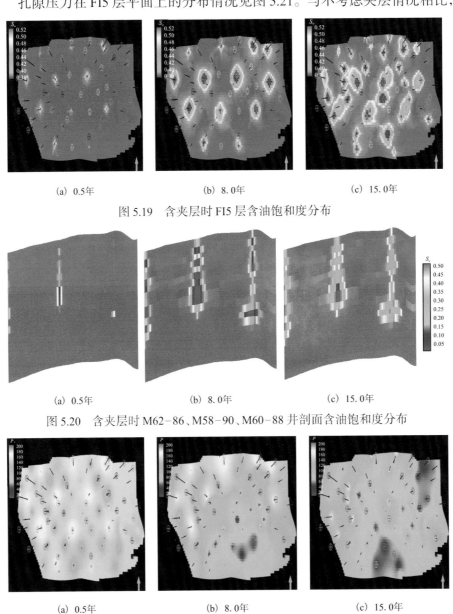

(a) 0.5年　　　　　　(b) 8.0年　　　　　　(c) 15.0年

图 5.19　含夹层时 FI5 层含油饱和度分布

(a) 0.5年　　　　　　(b) 8.0年　　　　　　(c) 15.0年

图 5.20　含夹层时 M62-86、M58-90、M60-88 井剖面含油饱和度分布

(a) 0.5年　　　　　　(b) 8.0年　　　　　　(c) 15.0年

图 5.21　含夹层时 FI5 层孔隙压力分布

储层孔隙压力的变化有所减缓,主要原因是夹层存在后,其本身具有一定的导压能力以及和储层同样的初始孔压,但是其导压能力和储层相比比较小,因此相当于在储层设置了一些障碍物,阻止压力向远处渗透率更大的储层传导,总体的效果是减缓了储层孔压的降低。

　　以上主要对比分析了储层中考虑和不考虑夹层两种情况下水相流线以及含水饱和度和孔隙压力的变化情况,通过分析说明储层中的注入水不仅在油层内流动,而且在夹层也有流体进入,降低了注入水进入油层的数量,最终会降低注水效率。

5.1.3　含夹层及裂缝模型

　　考虑 M11 区块微裂缝发育,下面建立考虑储层中存在裂缝后的数值模型,对比分析存在裂缝后储层中流场的变化情况。

　　图 5.22 给出裂缝模型模拟结果,主要包括含水、含油饱和度在 FI5 层平面及在 M62−86、M58−90、M60−88 井剖面上纵向分布。从图 5.22 中看出,和前面不考虑裂缝时的情况相比,注水井周围的含水饱和度的变化更加明显,且单井的影响范围更广,说明裂缝的存在,极大提高了储层的导流能力,使得储层的注水更加容易,夹层和储层的含水饱和度升高更快。

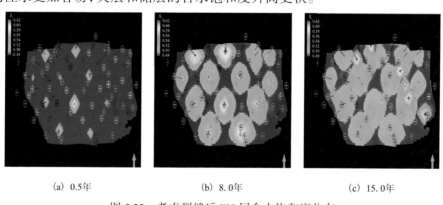

(a)　0.5 年　　　　　　　(b)　8.0 年　　　　　　　(c)　15.0 年

图 5.22　考虑裂缝后 FI5 层含水饱和度分布

　　图 5.23 给出了开发 0.5 年、8.0 年、15.0 年时含水饱和度在纵向上的分布情况。在纵向上,注水井周围的含水饱和度变化规律和平面类似,但可更加明显地看到夹层中的含水饱和度也明显提高了,更加说明注入水在进入油层的同时也进入了夹层,总体来说注水井周围的含水饱和度的变化更均匀,这要归功于裂缝的存在。

　　图 5.24 给出不同阶段储层中含油饱和度分布的变化情况。含油饱和度平面分布变化规律含水饱和度平面分布变化规律刚好相反,在注水过程中,注水井周围的含油饱和度逐渐降低,直至残余油饱和度,和前面不考虑裂缝时相比,单井的影响范围明显扩大,周围没有油井的边界上,含油饱和度最终有所

升高,形成死油区。图 5.25 为开发 0.5 年、8.0 年、15.0 年时含油饱和度的纵向分布。

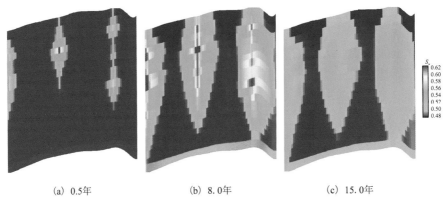

(a) 0.5年　　　　　(b) 8.0年　　　　　(c) 15.0年

图 5.23　考虑裂缝时 M62-86、M58-90、M60-88 井剖面含水饱和度分布

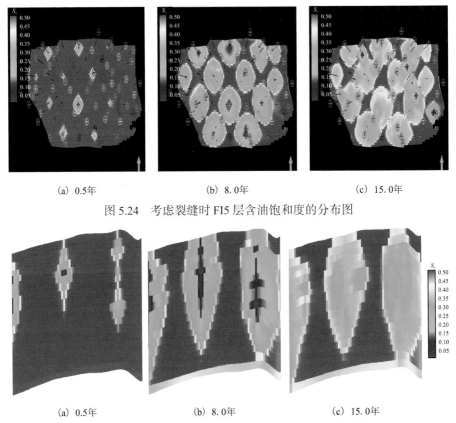

(a) 0.5年　　　　　(b) 8.0年　　　　　(c) 15.0年

图 5.24　考虑裂缝时 FI5 层含油饱和度的分布图

(a) 0.5年　　　　　(b) 8.0年　　　　　(c) 15.0年

图 5.25　考虑裂缝时 M62-86、M58-90、M60-88 井剖面含油饱和度分布

　　纵向上含油饱和度的变化规律与平面上含油饱和度的变化规律类似,同样,在全部为夹层的部位也因为受到注入水的影响,其含油饱和度明显降低,

说明夹层也进水。

图 5.26 为孔隙压力在不同时刻的变化规律, 和前面不考虑裂缝模型相比, 储层孔隙压力的变化更显著, 且降低得更快, 其主要原因是裂缝增大了整个储层的导压能力, 使得压力的传导速率增大, 因此单井周围压力的变化能很快影响到更远的位置。

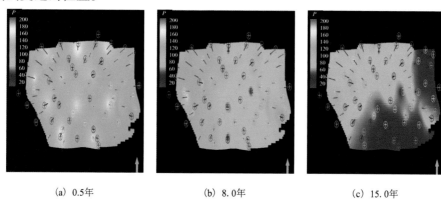

(a)　0.5年　　　　　　　　(b)　8.0年　　　　　　　　(c)　15.0年

图 5.26　考虑裂缝时 FI5 层孔隙压力分布

图 5.27 为考虑与不考虑裂缝时夹层日进水量对比图。可以看出, 考虑裂缝后, 虽然日进水量趋势相同, 但对比没有裂缝时的模型, 夹层日进水量有所提高, 在后期, 由于夹层孔隙度限制, 其日进水量逐渐降低, 但考虑裂缝时的进水量仍然比不考虑裂缝时要大。结合前面的流线及注水井吸水剖面结果分析可知, 考虑夹层微裂缝模型更符合实际情况。

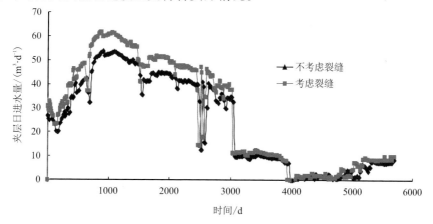

图 5.27　考虑与不考虑裂缝时夹层日进水量对比

图 5.28 为夹层总进水对比图, 可以看出, 考虑裂缝以后, 夹层进水量有所升高, 其主要原因是在模型里考虑裂缝后等效于提高储层的渗透率, 这样油层和夹层的渗透率都提高了, 但是由于夹层的分布远比油层要大, 因此, 整个储层内夹层的总进水量相对来说有所提高, 提高的幅度大约为 15%~20%。

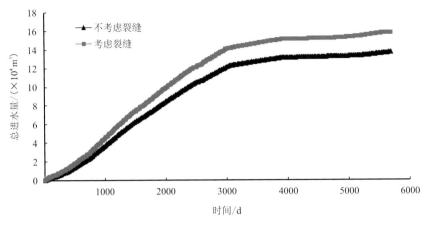

图 5.28　夹层总进水对比

　　图 5.29 为油层日进水对比图,可以看出,考虑裂缝影响后,在开发的一阶段,油层日进水量相对不考虑裂缝时有所减少,主要原因刚好和夹层相反,油层和夹层渗透率都有提高,但是在空间上夹层渗透率提高所带来的日进水量增大的幅度比油层要多,因此根据物质平衡,相对来说油层的日进水量必然有所减少。但是在后一阶段,油层日进水量的差异有所减小,主要原因是夹层的孔隙相对储层要小很多,流动通道有限,因此,夹层的日进水量差异也所有降低,相应的,油层的日进水量差异也降低了。

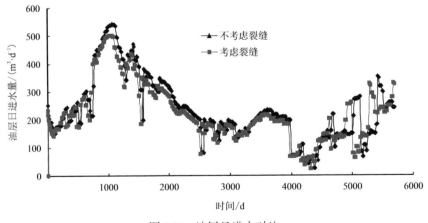

图 5.29　油层日进水对比

　　图 5.30 为油层总进水对比图,可以看出,考虑裂缝影响后,油层总进水量有明显减少,这个油田现场实际情况也是比较吻合的,因为注入的水不可能全部都能进入油层,还有相当一部分进入了夹层,所以考虑裂缝存在的储层模型是和现场实际比较接近的,在后期的机理分析和注采参数优化中采用考虑裂缝和夹层的数值模型。

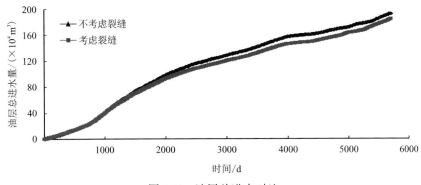

图 5.30　油层总进水对比

5.2　M11 区块历史拟合

　　下面采用考虑裂缝数值模型进行 M11 区块历史拟合。M11 区块共有油水井 138 口,其中产油井 107 口,刚开始生产时,有注水井 18 口,到 2005 年时增加到 31 口注水井。整个区块从 1994 年 8 月开始投产,本次模拟结束时间为 2010 年 1 月。图 5.31～ 图 5.38 给出了整个区块的生产指标模拟结果,表 5.1 给出了整个区块拟合误差。

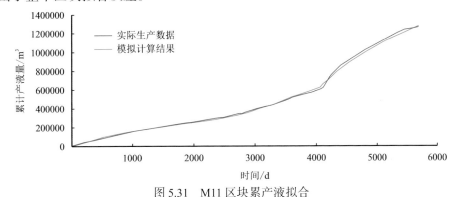

图 5.31　M11 区块累产液拟合

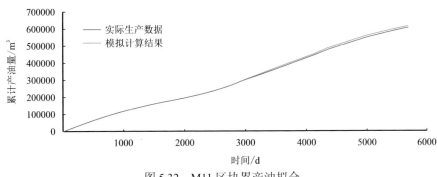

图 5.32　M11 区块累产油拟合

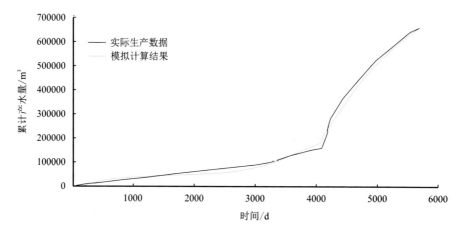

图 5.33　M11 区块累产水拟合

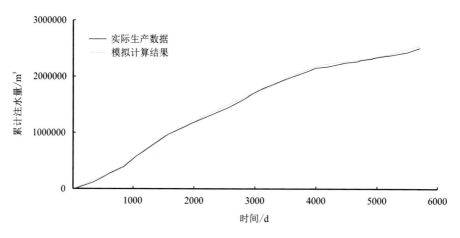

图 5.34　M11 区块累注水拟合

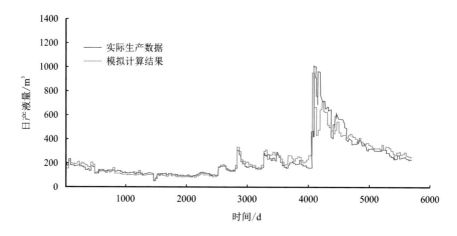

图 5.35　M11 区块日产液拟合

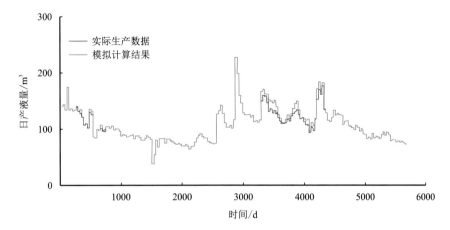

图 5.36　M11 区块日产油拟合

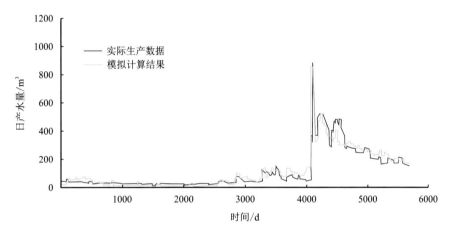

图 5.37　M11 区块日产水拟合

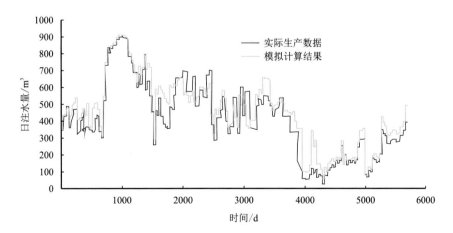

图 5.38　M11 区块日注水拟合

表 5.1　M11 区块拟合误差

	累产液/(×10⁴m³)	累产水/(×10⁴m³)	累产油/(×10⁴m³)	累注水/(×10⁴m³)
实际值	128.033	66.317	61.716	257.064
拟合结果	125.067	64.125	60.942	254.103
相对误差%	2.37	3.41	1.32	1.16

从以上模拟结果看,整个区块的各指标拟合结果误差均在 5% 以内,满足油藏工程计算要求,说明所建立的模型及参数是正确的,可以用来作为后期的机理分析研究模型。

5.2.1　夹层孔隙度

夹层进水量受多种因素影响,从储层方面说,其孔隙度和渗透率大小对其进水量影响较大,为了分析夹层孔隙度对其进水量的影响,拟定夹层孔隙度分别为 0.001、0.003、0.005、0.007、0.010,其他参数相同,方案设计如表 5.2 所示。

表 5.2　日注水量敏感性分析方案

方案	日注水量/(m³·d⁻¹)	注水井流压/MPa	油井流压/MPa	夹层孔隙度
方案 1	25	20	3	0.001
方案 2	25	20	3	0.003
方案 3	25	20	3	0.005
方案 4	25	20	3	0.007
方案 4	25	20	3	0.010

下面给出夹层孔隙度为 0.001、0.005、0.010 时的三场模拟结果,主要给出了各场参数在 FI5 层的平面分布,以及在 M62−86、M58−90、M60−88 井剖面上的纵向分布,其他影响因素方案给出的场参数分布的位置与孔隙度方案一样。

夹层孔隙度为 0.001 时的含水饱和度和含水剖面如图 5.39 和图 5.40 所示。

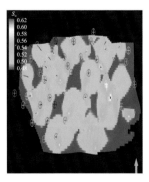 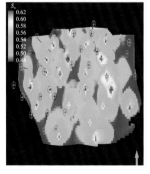 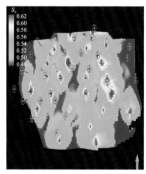

(a) 1年　　　　　　　　　　(b) 10年　　　　　　　　　　(c) 20年

图 5.39　夹层孔隙度为 0.001 时 FI5 层含水饱和度分布

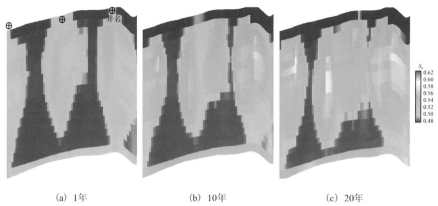

(a) 1年　　　　　　　(b) 10年　　　　　　　(c) 20年

图 5.40　M62-86、M58-90、M60-88 井剖面含水饱和度分布

FI5 层含油饱和度和含油剖面如图 5.41 和图 5.42 所示。

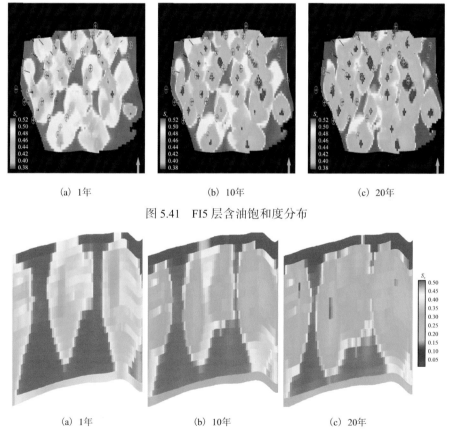

(a) 1年　　　　　　　(b) 10年　　　　　　　(c) 20年

图 5.41　FI5 层含油饱和度分布

(a) 1年　　　　　　　(b) 10年　　　　　　　(c) 20年

图 5.42　M62-86、M58-90、M60-88 井剖面含油饱和度分布

夹层孔隙度为 0.005 时含水饱和度分布和含水剖面图如图 5.43、图 5.44 所示。

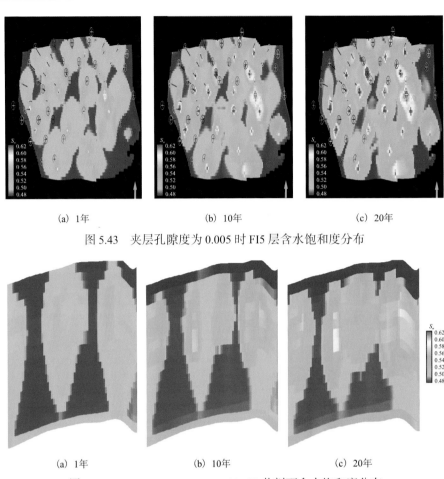

(a) 1年　　　　　　　　(b) 10年　　　　　　　　(c) 20年

图 5.43　夹层孔隙度为 0.005 时 FI5 层含水饱和度分布

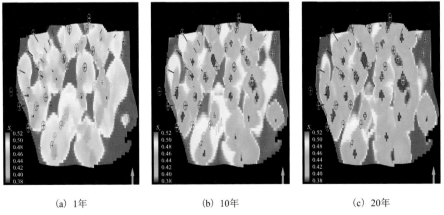

(a) 1年　　　　　　　　(b) 10年　　　　　　　　(c) 20年

图 5.44　M62-86、M58-90、M60-88 井剖面含水饱和度分布

图 5.45 和图 5.46 分别为含油饱和度和含油剖面图。

(a) 1年　　　　　　　　(b) 10年　　　　　　　　(c) 20年

图 5.45　夹层孔隙度为 0.005 时 FI5 层含油饱和度分布

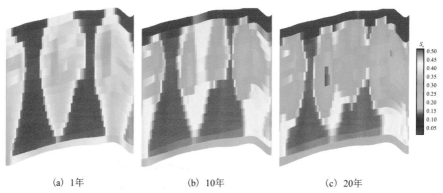

(a) 1年　　　　　(b) 10年　　　　　(c) 20年

图 5.46　M62-86、M58-90、M60-88 井剖面含油饱和度分布

夹层孔隙度为 0.01 时的含水饱和度和含水剖面如图 5.47 和图 5.48 所示。

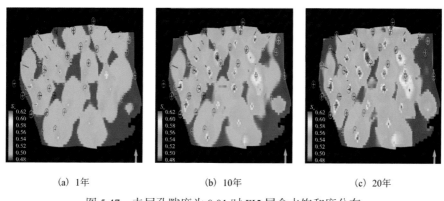

(a) 1年　　　　　(b) 10年　　　　　(c) 20年

图 5.47　夹层孔隙度为 0.01 时 FI5 层含水饱和度分布

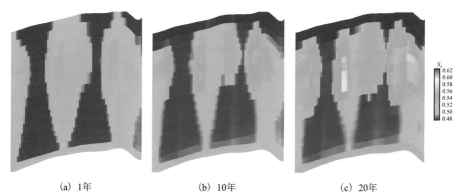

(a) 1年　　　　　(b) 10年　　　　　(c) 20年

图 5.48　M62-86、M58-90、M60-88 井剖面含水饱和度分布

图 5.49 和图 5.50 分别为含油饱和度和含油剖面图，从图中可以看出，随着夹层孔隙度的增大，油层和夹层的含油饱和度的变化更均匀，且夹层中流体进入量增加，说明夹层的孔隙度越大，更多的流体会进入夹层，相应的就有更多的注入水从夹层窜流。

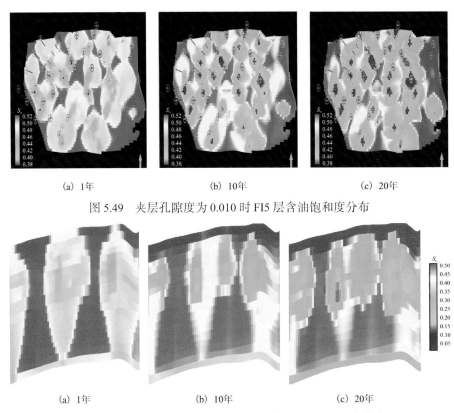

(a) 1年   (b) 10年   (c) 20年

图 5.49   夹层孔隙度为 0.010 时 FI5 层含油饱和度分布

(a) 1年   (b) 10年   (c) 20年

图 5.50   M62-86、M58-90、M60-88 井剖面含油饱和度分布

图 5.51 给出了不同夹层孔隙度时的夹层日进水量曲线,从图中可以看出,随着夹层孔隙度的增大,夹层日进水量越来越大,在其他注采参数不变的情况下,夹层日进水量开始时上升很快,随后趋于缓和,日进水量稳定在一个数值。这主要受夹层的孔隙度和渗透性能的影响,初始时刻,直接和储层接触的夹层处于非饱和状态,有相当一部分可动空间,注水一段时间后, 这部分离注水井

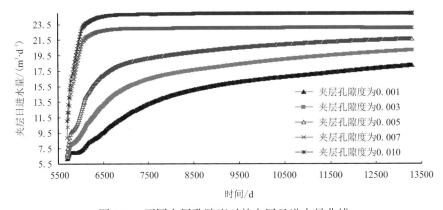

图 5.51   不同夹层孔隙度时的夹层日进水量曲线

近的空间接近饱和状态,在孔隙度和渗透率都没发生大的变化之前,夹层的日进水量基本是不变的。这也说明夹层的日进水量随着孔隙度的增大而增大,夹层孔隙越大,进水越容易。

从油层日进水量曲线图 5.52~图 5.54 中可看出,在夹层孔隙度低于 0.010 时,油层日进水量随着开发的进行先升高到某一最大值,随后开始缓慢降低再趋于稳定,而当夹层孔隙度大于 0.010 以后,夹层日进水量开始时增长很快,后逐渐变化,最后达到稳定,这和夹层的日进水量曲线变化规律刚好相反。

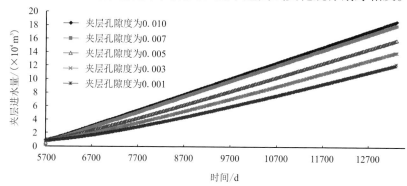

图 5.52　不同夹层孔隙度时的夹层进水量曲线

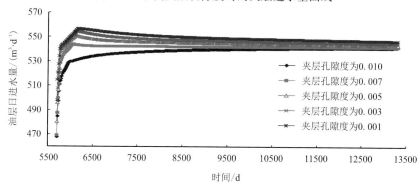

图 5.53　不同夹层孔隙度时的油层日进水量曲线

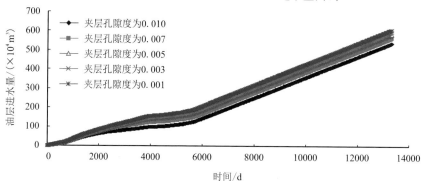

图 5.54　不同夹层孔隙度时的油层总进水量曲线

从夹层和油层的总进水量随夹层孔隙度变化(图 5.55)中看出,随着夹层孔隙度的增大,夹层总进水量增大,而油层总进水量减小。

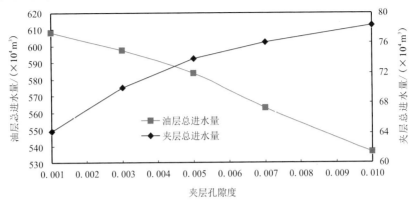

图 5.55　油层总进水量和夹层总进水量随夹层孔隙度变化规律

5.2.2　油井流压

下面分析油井流压对夹层进水量的影响规律,进行油井流压敏感性分析。油井流压分别为 0.5 MPa、1.0 MPa、2.0 MPa、3.0 MPa,其他注采参数相同,方案设计如表 5.3 所示。

表 5.3　日注水量敏感性分析方案

方案	日注水量/m³	注水井流压/MPa	油井流压/MPa
方案 1	25	20	0.5
方案 2	25	20	1.0
方案 3	25	20	2.0
方案 4	25	20	3.0

下面给出油井流压为 0.5 MPa、2.0 MPa、3.0 MPa 时的模拟结果。

图 5.56～图 5.59 所示为油井流压为 0.5 MPa 时的含水、含油饱和度平面和剖面分布。

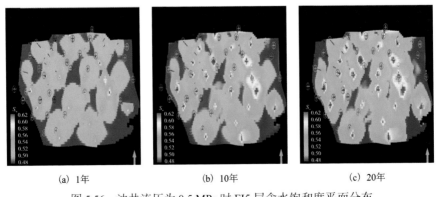

(a) 1年　　　　　　　　(b) 10年　　　　　　　　(c) 20年

图 5.56　油井流压为 0.5 MPa 时 FI5 层含水饱和度平面分布

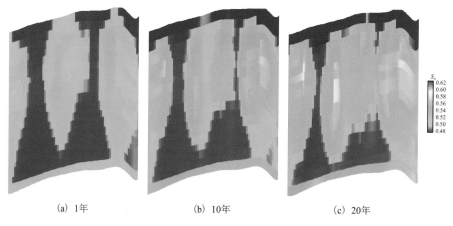

(a) 1年　　　　　　(b) 10年　　　　　　(c) 20年

图 5.57　M62-86、M58-90、M60-88 井剖面含水饱和度分布

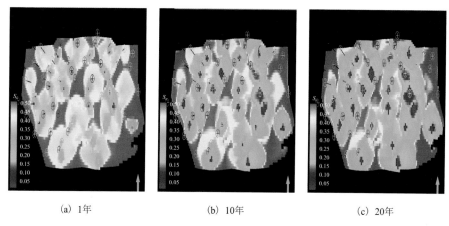

(a) 1年　　　　　　(b) 10年　　　　　　(c) 20年

图 5.58　油井流压为 0.5 MPa 时 FI5 层含油饱和度平面分布

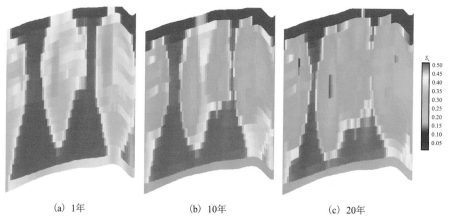

(a) 1年　　　　　　(b) 10年　　　　　　(c) 20年

图 5.59　M62-86、M58-90、M60-88 井剖面含油饱和度分布

图 5.60~ 图 5.63 所示为油井流压为 2 MPa 时的含水、含油饱和度平面和剖

面分布。

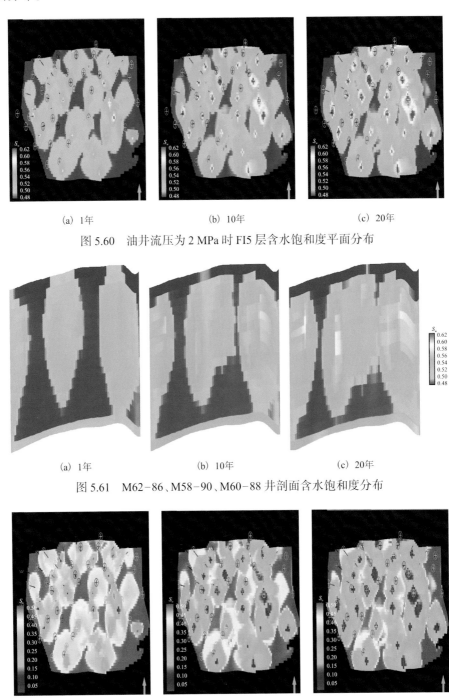

(a) 1年　　　　　　　　(b) 10年　　　　　　　　(c) 20年

图 5.60　油井流压为 2 MPa 时 FI5 层含水饱和度平面分布

(a) 1年　　　　　　　　(b) 10年　　　　　　　　(c) 20年

图 5.61　M62-86、M58-90、M60-88 井剖面含水饱和度分布

(a) 1年　　　　　　　　(b) 10年　　　　　　　　(c) 20年

图 5.62　油井流压为 2 MPa 时 FI5 层含油饱和度平面分布

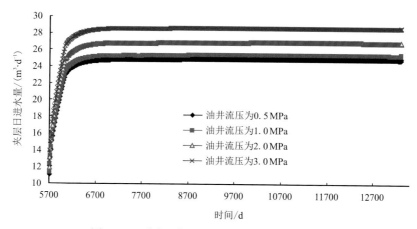

图 5.68　不同油井流压时的夹层日进水量曲线

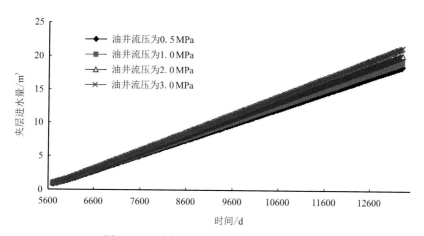

图 5.69　不同油井流压时夹层进水量曲线

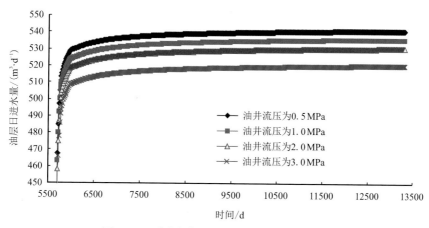

图 5.70　不同油井流压时油层日进水量曲线

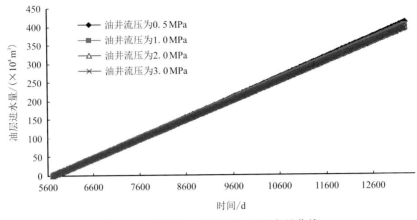

图 5.71　不同油井流压时油层进水量曲线

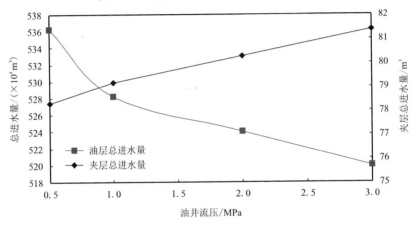

图 5.72　夹层和油层总进水量曲线随油井流压变化规律

5.2.3　日注水量

下面进行日注水量敏感性分析,定日注水量分别为 20 m³、23 m³、25 m³、28 m³ 和 30 m³,其他注采参数相同,方案设计如表 5.4 所示。

表 5.4　日注水量敏感性分析方案

方案	日注水量/m³	注水井流压/MPa	油井流压/MPa
方案 1	20	20	2
方案 2	23	20	2
方案 3	25	20	2
方案 4	28	20	2
方案 4	30	20	5

下面给出日注水量为 20 m³、25 m³、30 m³ 时的三场模拟结果。

图 5.73~图 5.76 所示为日注水量为 20 m³ 时的含水饱和度、含油饱和度的平面和剖面分布。

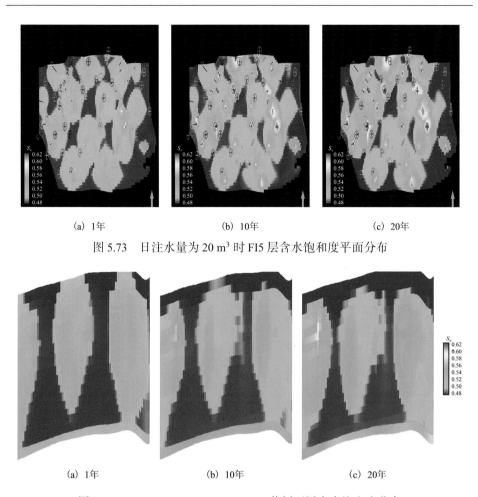

図 5.73　日注水量为 20 m³ 时 FI5 层含水饱和度平面分布

図 5.74　M62-86、M58-90、M60-88 井剖面层含水饱和度分布

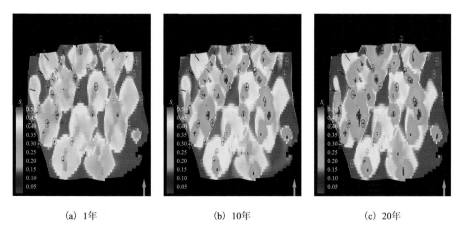

図 5.75　日注水量为 20 m³ 时 FI5 层含油饱和度平面分布

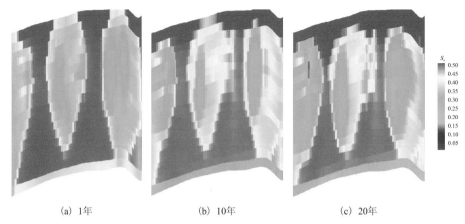

(a) 1年　　　　　　(b) 10年　　　　　　(c) 20年

图 5.76　M62-86、M58-90、M60-88 井剖面含油饱和度分布

图 5.77~ 图 5.80 所示为日注水量为 25 m³ 时的含水饱和度、含油饱和度的平面和剖面分布。

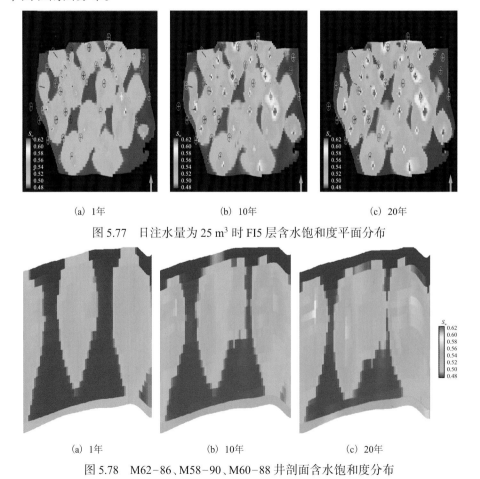

(a) 1年　　　　　　(b) 10年　　　　　　(c) 20年

图 5.77　日注水量为 25 m³ 时 FI5 层含水饱和度平面分布

(a) 1年　　　　　　(b) 10年　　　　　　(c) 20年

图 5.78　M62-86、M58-90、M60-88 井剖面含水饱和度分布

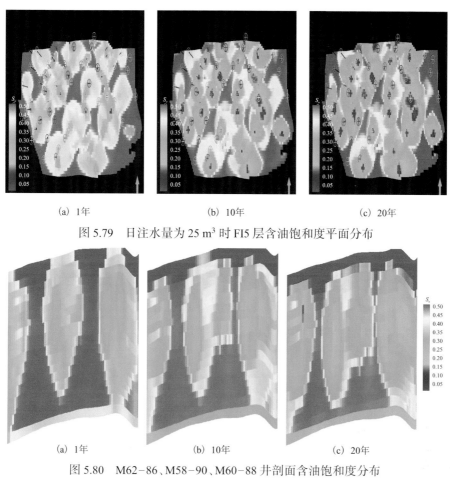

（a）1年　　　　　　　（b）10年　　　　　　　（c）20年

图 5.79　日注水量为 25 m³ 时 FI5 层含油饱和度平面分布

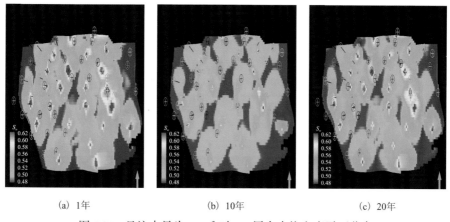

（a）1年　　　　　　　（b）10年　　　　　　　（c）20年

图 5.80　M62-86、M58-90、M60-88 井剖面含油饱和度分布

图 5.81~ 图 5.84 所示为日注水量为 30 m³ 时的含水饱和度、含油饱和度的平面和剖面分布。

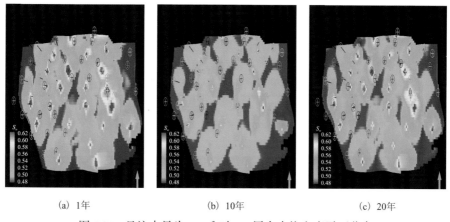

（a）1年　　　　　　　（b）10年　　　　　　　（c）20年

图 5.81　日注水量为 30 m³ 时 FI5 层含水饱和度平面分布

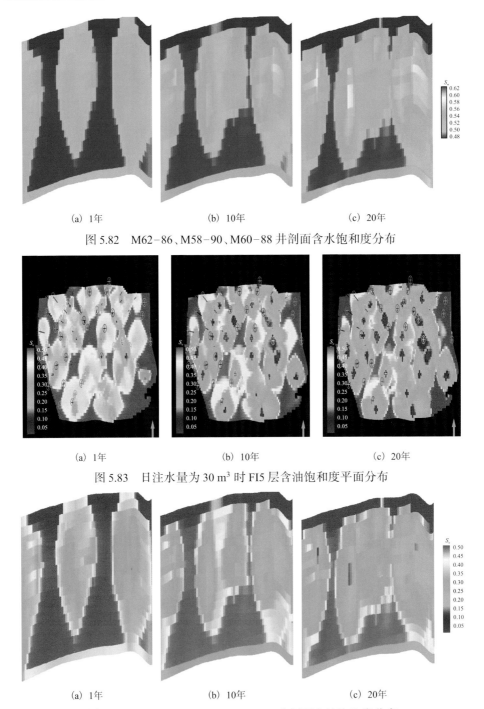

(a) 1年　　　　　　　　(b) 10年　　　　　　　　(c) 20年

图 5.82　M62-86、M58-90、M60-88 井剖面含水饱和度分布

(a) 1年　　　　　　　　(b) 10年　　　　　　　　(c) 20年

图 5.83　日注水量为 30 m³ 时 FI5 层含油饱和度平面分布

(a) 1年　　　　　　　　(b) 10年　　　　　　　　(c) 20年

图 5.84　M62-86、M58-90、M60-88 井剖面含油饱和度分布

图 5.85~ 图 5.89 为进水量曲线,可以看出日注水量在 20~30 m³ 时,随着日注水量的提高,油层总进水量逐渐增大,而夹层进水量逐渐减小,日注水量越

高,越有利于油层注水,而不利于夹层进水。所以在开发中可采用尽量高的日注水量。

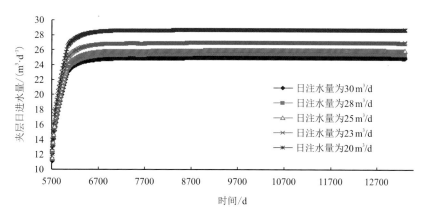

图 5.85　不同日注水量时夹层日进水量曲线

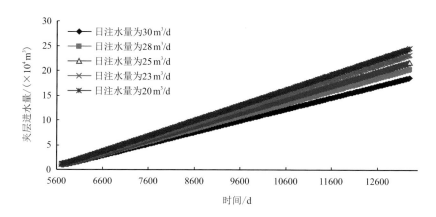

图 5.86　不同日注水量时夹层进水量曲线

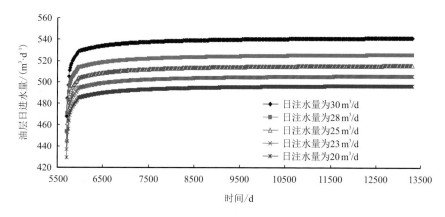

图 5.87　不同日注水量时油层日进水量曲线

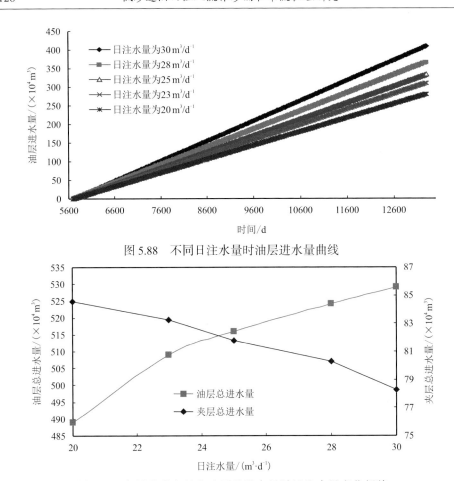

图 5.88　不同日注水量时油层进水量曲线

图 5.89　夹层总进水量和油层总进水量随日注水量变化规律

5.2.4　注水井流动压力

为了对比分析注水井流动压力对夹层进水量的影响规律,下面设计注水井流动压力敏感性分析。注水压力井流动压力分别为 16 MPa、18 MPa、20 MPa、22 MPa、25 MPa,其他注采参数相同,方案设计如表 5.5 所示。

表 5.5　日注水量敏感性分析方案

方案	日注水量/m³	注水井流压/MPa	油井流压/MPa
方案 1	25	16	2
方案 2	25	18	2
方案 3	25	20	2
方案 4	25	22	2
方案 4	25	25	2

下面给出注水井流动压力为 16 MPa、20 MPa、25 MPa 时的模拟结果。

注水井流动压力为 16 MPa 时的含水、含油饱和度分布如图 5.90～图 5.93

所示。

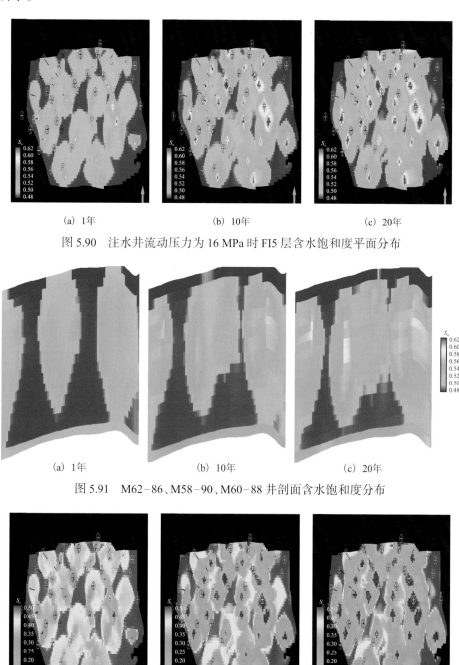

(a) 1年　　　　　　　　(b) 10年　　　　　　　　(c) 20年

图 5.90　注水井流动压力为 16 MPa 时 FI5 层含水饱和度平面分布

(a) 1年　　　　　　　　(b) 10年　　　　　　　　(c) 20年

图 5.91　M62-86、M58-90、M60-88 井剖面含水饱和度分布

(a) 1年　　　　　　　　(b) 10年　　　　　　　　(c) 20年

图 5.92　注水井流动压力为 16 MPa 时 FI5 层含油饱和度平面分布

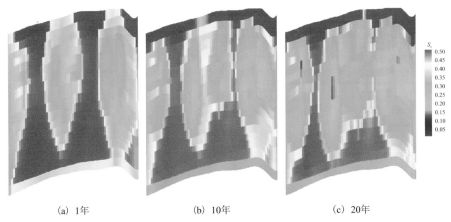

(a) 1年   (b) 10年   (c) 20年

图5.93   M62-86、M58-90、M60-88井剖面含油饱和度分布

注水井流动压力为20 MPa时的含水、含油饱和度分布如图5.94~图5.97所示。

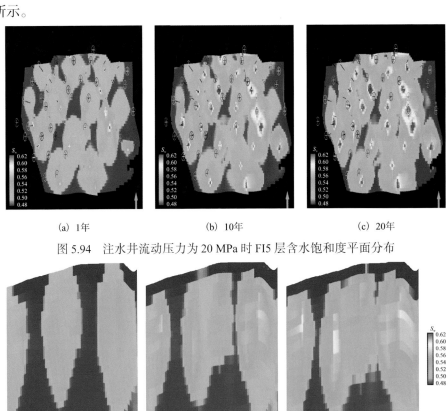

(a) 1年   (b) 10年   (c) 20年

图5.94   注水井流动压力为20 MPa时FI5层含水饱和度平面分布

(a) 1年   (b) 10年   (c) 20年

图5.95   M62-86、M58-90、M60-88井剖面含水饱和度分布

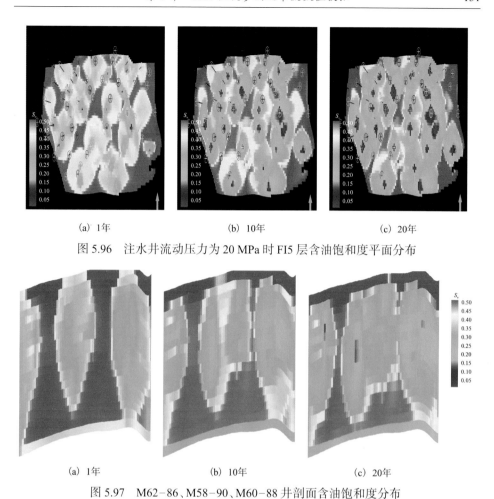

(a) 1年　　　　　　　　(b) 10年　　　　　　　　(c) 20年

图 5.96　注水井流动压力为 20 MPa 时 FI5 层含油饱和度平面分布

(a) 1年　　　　　　　　(b) 10年　　　　　　　　(c) 20年

图 5.97　M62-86、M58-90、M60-88 井剖面含油饱和度分布

注水井流动压力为 25 MPa 时的含水、含油饱和度分布如图 5.98～图 5.101 所示。

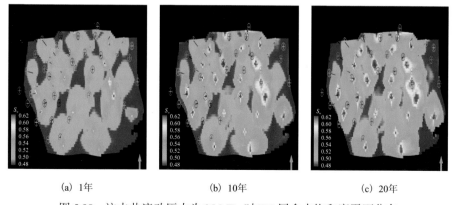

(a) 1年　　　　　　　　(b) 10年　　　　　　　　(c) 20年

图 5.98　注水井流动压力为 25 MPa 时 FI5 层含水饱和度平面分布

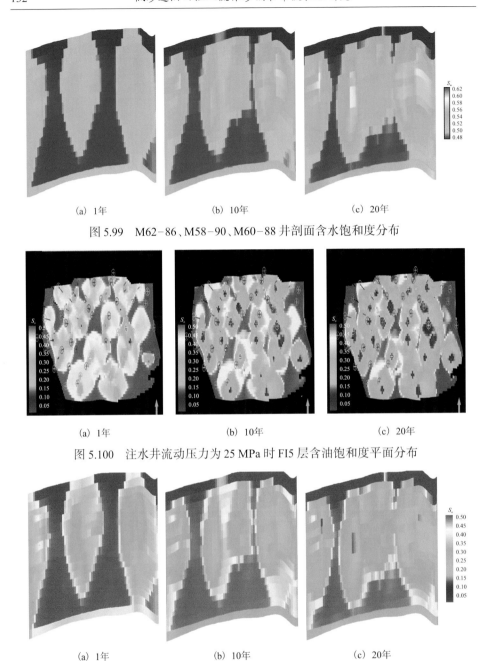

(a) 1年　　　　　　　　(b) 10年　　　　　　　　(c) 20年

图 5.99　M62−86、M58−90、M60−88 井剖面含水饱和度分布

(a) 1年　　　　　　　　(b) 10年　　　　　　　　(c) 20年

图 5.100　注水井流动压力为 25 MPa 时 FI5 层含油饱和度平面分布

(a) 1年　　　　　　　　(b) 10年　　　　　　　　(c) 20年

图 5.101　M62−86、M58−90、M60−88 井剖面含油饱和度分布

随着注水井流动压力的提高,储层注入水流动范围增大,油层内的流体饱和度提高,提高注水井流动压力有利于增大油层注水。

图 5.102~图 5.106 给出不同注水井流动压力时夹层日进水量、总进水量曲线。从图上看出,在注水初期,夹层日进水量迅速上升,随后趋于稳定;随着注

水井流动压力的提高,夹层日进水量逐渐减少,因此,可以通过提高注水井流动压力来减少夹层的进水量。

随着注水井流动压力的提高,夹层总进水量逐渐减少,油层总进水量逐渐增大,但是油层进水量减少的趋势比油层增大的趋势明显,注水井流动压力对夹层的进水量影响更大。

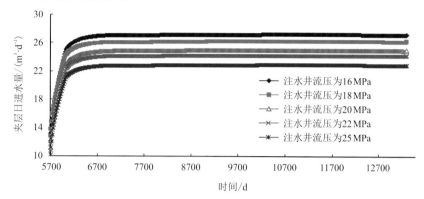

图 5.102 不同注水井流动压力时夹层日进水量曲线

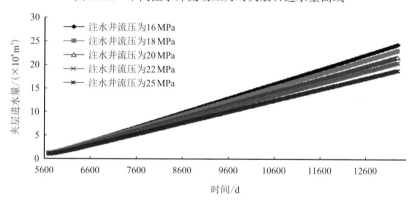

图 5.103 不同注水井流动压力时夹层进水量曲线

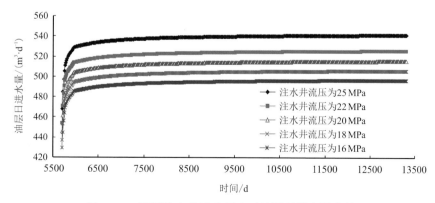

图 5.104 不同注水井流动压力时油层日进水量曲线

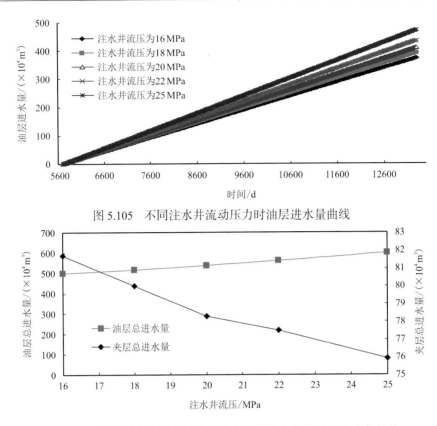

图 5.105　不同注水井流动压力时油层进水量曲线

图 5.106　夹层总进水量和油层总进水量随注水井流动压力变化规律

5.3　M11 区块渗漏、窜流防控方法

根据前面数值模拟结果,从注水压力、日注入量、油井流压 3 个方面探讨渗漏、窜流的防控方法。

1. 低压、低量、平稳注水

从注水压力看,前述研究方案注水压力的模拟范围为 7~14 MPa,在这一过程中,由于整个区块东西向微裂缝发育,东西向为渗流的主要优势方向,该方向注水见效快,而非东西向见效时间比较慢。加大注水压力至 14 MPa 后,注水压力上升导致非东西向裂缝开启,该方向开始水淹。从应力场计算结果,也可以看出,当注水压力为 14 MPa 时,地层现代应力场发生了较大的变化,水平主应力大小和方向均发生变化,表现为非东西向主应力升高,东西向主应力相对降低。因此导致注水压力升高后非东西向裂缝开启。

为了防止注入流体渗漏和窜流,开发初期可采用低压、低量、平稳注水,控制好储层水平应力场非均一性,最大限度控制好非东西向裂缝不开启,从开发初期就做好控水工作。

从套管变形计算结果可以看出,降低注水压力,可以减少泥岩进水量,套管承受的挤压力明显减小。过高的注水压力不但会导致非东西向裂缝发生水淹,降低开发效果,而且也使泥岩层进水量提高,套管承受的挤压力增大。从应力场结果可知,M11 区块裂缝开启压力为 10.5~11.5 MPa。因此,最大注水压力应控制在裂缝开启压力之下,建议最大注水压力为 11.0 MPa。

2. 根据裂缝发育区,坚持采用线状注水

微裂缝的发育对于低渗储层吸水能力的增加具有重要意义。微裂缝发育能扩大储层吸水面积,使储层吸水不仅仅发生在主缝两侧较小的范围内,而且发生在无数条微裂缝及其周围孔隙中,从而降低了油层基质的吸水启动压力,增强储层吸水能力,提高油井产能。M11 区块微裂缝非常发育,并且主缝为东西向,采取线状注水可提高该区块油井受效程度。

3. 在恢复地下储层应力场"非均一性"后,可采用周期注水

降低注水量、降低注水压力恢复地下储层的地应力场"非均一性"是该区块注水开发调整的首要工作。为了提高生产井的生产能力,提高油藏采收率,还可采用周期注水的方法,注水压力应控制在裂缝的开启压力以下。

4. 采取合理注水强度,提高油井受效程度

注水强度是指单位油层厚度的注水量,根据水井井底周围油层的孔、渗条件确定。对于储层物性较好的油层,特别是注水井射开油层的物性好,渗透率大于 20 mD 的井,注入水能直接通过基质孔隙向油井驱替,则注水强度不超过 2.5 $m^3/(m \cdot d^{-1})$,以免在注水井近井地带憋起高压,造成裂缝开启,注入水沿着裂缝快速推进,增大油井水淹的风险。储层物性较差、渗透率小于 20 mD 的井,注入水不能直接通过基质孔隙向油井驱替,则需要较大的注水强度,这时的注水强度应高于 2.5 $m^3/(m \cdot d^{-1})$,注入水在近井地带憋起高压,首先使得东西向裂缝开启,形成线状注水;形成线状后,仍需要较大的注水强度,既使裂缝始终开启,又能产生较大的生产压差,提高油井受效程度。

5. 加强裂缝动态监测,适时动态调整井网系统

裂缝在 M11 区块开发中起着十分关键的作用。由于地下储层的复杂性,单纯依靠数值模拟和理论推导,不可能将裂缝的动态变化研究清楚。因此,应该加强对裂缝动态的监测工作,根据油水井压力变化,确定不同层位裂缝的开启压力。利用裂缝的发育状况、开启顺序因势利导,采取将东西向水淹油井关井、转注等措施,充分利用东西向裂缝,进行坑道注水向两侧驱油。不同区块,采用不同的注水压力,根据裂缝的动态监测结果,适时进行井网调整。

第6章 S382区块断层渗漏及窜流研究

本章以S382区块为研究对象,通过建立数值计算模型,针对该区块的断层渗漏及窜流开展多方案数值模拟研究。通过数值模拟,研究储层、隔夹层、断层的物性参数变化及生产动态参数变化对注入流体渗漏及窜流的影响规律,提出适合该区块的渗漏、窜流防控建议。

6.1 S382区块渗漏和窜流数值模拟

大庆油田S382区块属于低渗透油藏,储层渗透率为5 mD左右,局部区域渗透率低于0.1 mD,和M11区块相比,层间和层内非均质性不那么强烈。另外,储层中由于构造地应力作用,存在有大量的断层,使得储层中注入流体相当一部分沿断层渗漏。断层在开发过程中的形态是变化的,尤其随着储层有效应力的改变而变化,当储层注水井流动压力超过岩石的最大主应力时,储层中的断层就会成为大裂缝,这时的窜流量就会大大提高,且随着注采参数的变化,注入水渗漏会越严重。在这里先对区块生产历史进行拟合,然后分析该区块注入水渗漏量影响因素,得出断层窜流量随各影响因素的变化规律,最后对可人为控制的注采参数进行优化,以减少断层的窜流量为目标,优化出S382区块最优注采参数。

6.1.1 S382区块数值模型

S382区块模型从1998年开始投产,到2010年结束,S382区块纵向上从上到下油层依次为FI11、FI12、FI21、FI22、FI23、FI31、FI32、FI41、FI42、FI43、FI51、FI52、FI61、FI62、FI71、FI72、FII11、FII12、FII21、FII22、FII3、FII41、FII42、FII51、FII52、FIII11、FIII12、FIII21、FIII22、FIII31、FIII32、FIII41、FIII42、FIII51、FIII52、YI11、YI12、YI13、YI21、YI22、YI31、YI32、YI33、YI41、YI42、YI51、YI52、YI61、YI62、YI71。模型三个方向网格数为113、178、50,总网格数为931 500,该区块主要特征为夹层发育较多,注水中大部分进入了断层。为了分析方便,现截取模型中如图6.1~图6.4所示的部分进行模拟分析,蓝色部分为原始模型,高亮部分为切取用来分析的区块。

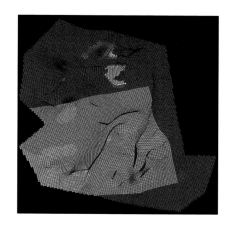

图 6.1　S382 区块整体模型

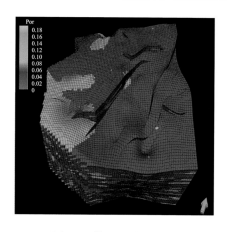

图 6.2　模型孔隙度分布

图 6.3　模型渗透率分布

图 6.4　模型井位分布

上述切取的模型中，X、Y、Z 三个方向的网格数分别为 85、78、50，总网格数为 331500，总井数为 52 口，其中，注水井 12 口，油井 40 口。S382 区块的主要地质特征是存在大量的断层，在注水过程中，断层可能会由于注采参数的不当导致其过渡为裂缝，传导系数大幅度提高，引起大量的水渗漏。

6.1.2　S382 区块历史拟合

所选 S382 区块井组共有油水井 52 口，其中，产油井 42 口。刚开始生产时，有注水井 7 口，到 2004 年时增加到 10 口注水井。整个区块从 1998 年 12 月开始投产，本次模拟结束时间为 2010 年 4 月。图 6.5~图 6.12 给出了整个区块的生产指标拟合结果。

从图 6.5~图 6.12 模拟结果看，整个区块的各指标拟合结果误差均在 5% 以内，如表 6.1 所示，满足油藏工程计算要求，说明所建立的模型及参数是正确的，可以用来作为后期的方案对比及优化研究。

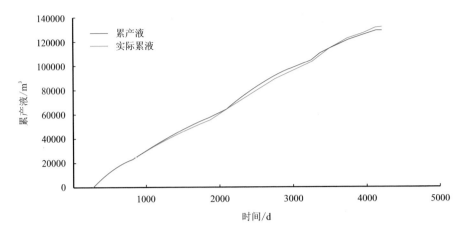

图 6.5　S382 区块井组累产液拟合

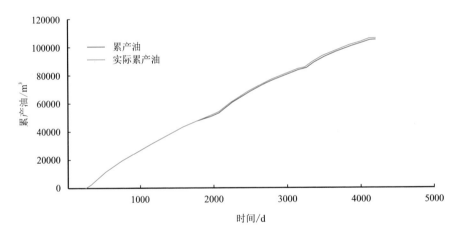

图 6.6　S382 区块井组累产油拟合

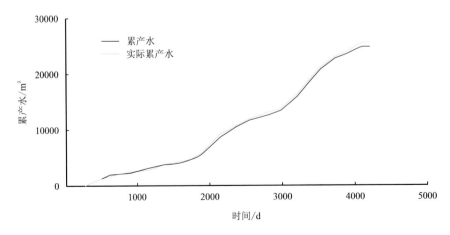

图 6.7　S382 区块井组累产水拟合

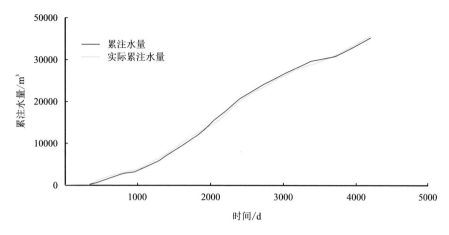

图 6.8　S382 区块累注水拟合

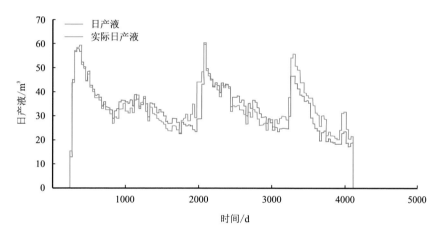

图 6.9　S382 区块井组日产液拟合

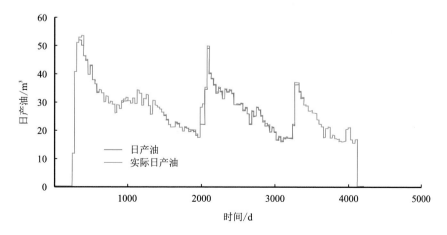

图 6.10　S382 区块井组日产油拟合

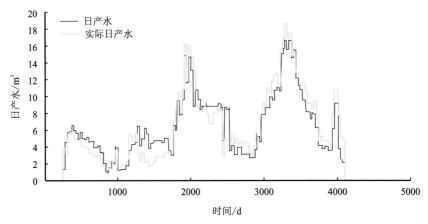

图 6.11　S382 区块井组日产水拟合

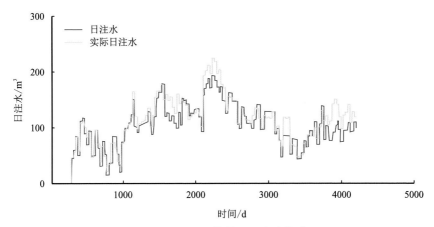

图 6.12　S382 区块井组日注水拟合

表 6.1　**S382 区块井组拟合误差**

	累产液/(×10⁴ m³)	累产油/(×10⁴ m³)	累产水/(×10⁴ m³)	累注水/(×10⁴ m³)
实际值	13.166	10.612	25.536	44.706
拟合结果	12.880	10.501	24.784	43.545
相对误差/%	2.17	1.05	2.95	2.60

6.2　S382 区块断层窜流影响因素分析

6.2.1　油井流动压力

下面分析油井流动压力对夹层进水量的影响规律,进行油井流动压力敏感性分析。油井流动压力分别为 0.5 MPa、1.0 MPa、2.0 MPa、3.0 MPa,其他注采参数相同,方案设计如表 6.2 所示。

表 6.2　日注水量敏感性分析方案

方案	日注水量/m³	注水井流动压力/MPa	油井流动压力/MPa
方案 1	40	25	0.5
方案 2	40	25	1.0
方案 3	40	25	2.0
方案 4	40	25	3.0

下面给出油井流动压力为 0.1 MPa、2.0 MPa、5.0 MPa 时的模拟结果，主要给出 S382 区块 FI1 层参数的平面分布情况，其他方案一样。

1. 油井流压为 0.5 MPa

图 6.13～图 6.15 为生产时间 1 年、10 年、20 年时含水、含油饱和度以及孔隙压力分布情况。

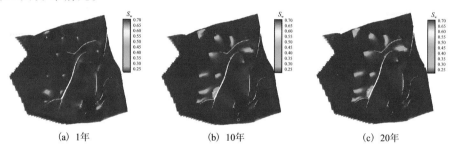

(a) 1 年　　　　　(b) 10 年　　　　　(c) 20 年

图 6.13　油井流动压力为 0.5 MPa 时 FI1 层含水饱和度变化

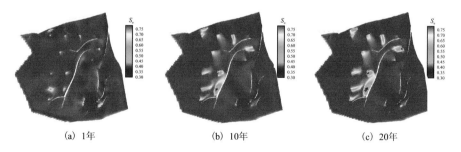

(a) 1 年　　　　　(b) 10 年　　　　　(c) 20 年

图 6.14　油井流动压力为 0.5 MPa 时 FI1 层含油饱和度变化

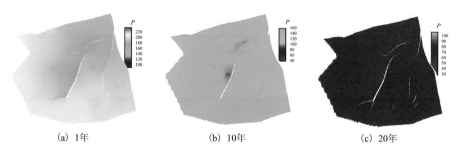

(a) 1 年　　　　　(b) 10 年　　　　　(c) 20 年

图 6.15　油井流动压力为 0.5 MPa 时 FI1 层孔隙压力变化

从图中看出,含水饱和度变化较大的是附近有注水井的中间大断层位置,且整个层位上,注入水倾向于向断层位置运动,区块的流场参数主要受断层控制。

2. 油井流动压力为 1.0 MPa

图 6.16~ 图 6.18 为油井流压为 1.0 MPa 时生产时间 1 年、10 年、20 年时的含水、含油饱和度以及孔隙压力分布情况。

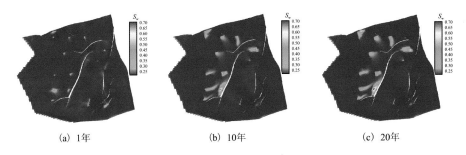

(a) 1年   (b) 10年   (c) 20年

图 6.16   油井流动压力为 1.0 MPa 时 FI1 层含水饱和度变化

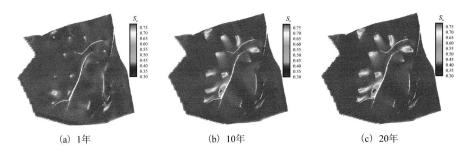

(a) 1年   (b) 10年   (c) 20年

图 6.17   油井流动压力为 1.0 MPa 时 FI1 层含油饱和度变化

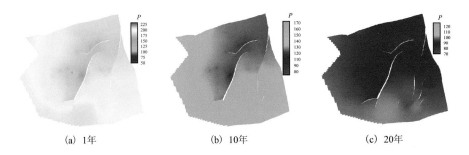

(a) 1年   (b) 10年   (c) 20年

图 6.18   油井流动压力为 1.0 MPa 时 FI1 层孔隙压力变化

3. 油井流动压力为 3.0 MPa

图 6.19~ 图 6.21 为生产时间 1 年、10 年、20 年时的含水、含油饱和度以及孔隙压力分布图。

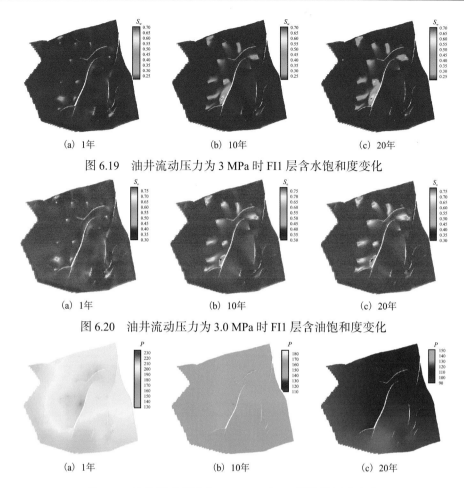

(a) 1年　　　　　　　(b) 10年　　　　　　(c) 20年

图 6.19　油井流动压力为 3 MPa 时 FI1 层含水饱和度变化

(a) 1年　　　　　　　(b) 10年　　　　　　(c) 20年

图 6.20　油井流动压力为 3.0 MPa 时 FI1 层含油饱和度变化

(a) 1年　　　　　　　(b) 10年　　　　　　(c) 20年

图 6.21　油井流动压力为 3.0 MPa 时 FI1 层孔隙压力变化

图 6.22 为不同油井流动压力时断层窜流量曲线,可以看出,随着油井流动压力的升高,断层窜流量逐渐增大,但相对注水压力对窜流量的影响来比,其变化的幅度并不是很大。

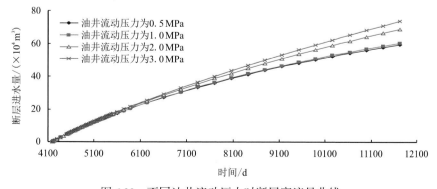

图 6.22　不同油井流动压力时断层窜流量曲线

　　图 6.23 为不同油井流动压力时油层进水量曲线,可以看出,油井流动压力越低,油层进水量越大。降低油井流动压力可使更多的注入水进入油层。

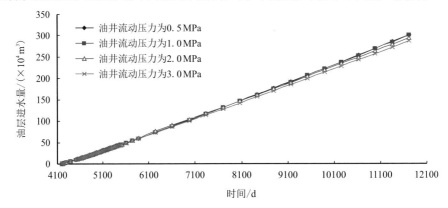

图 6.23　不同油井流动压力时油层进水量曲线

　　图 6.24 为油层及断层窜流量随油井流动压力变化规律,可以看出随着油井流压的升高,断层窜流量逐渐增大,油层进水量逐渐减小,可通过控制油井流压的变化来控制断层窜流量。

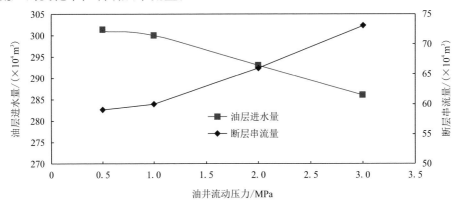

图 6.24　油层及断层窜流量随油井流压变化规律

6.2.2　日注水量

　　下面进行日注水量敏感性分析,定注水量分别为 25 m³/d、30 m³/d、35 m³/d、40 m³/d 和 45 m³/d,其他注采参数相同,方案设计如表 6.3 所示。

表 6.3　日注水量敏感性分析方案

方案	日注水量/m³	注水井流动压力/MPa	油井流动压力/MPa
方案 1	25	25	2.0
方案 2	30	25	2.0
方案 3	35	25	2.0
方案 4	40	25	2.0
方案 4	45	25	2.0

下面给出注水量为 25 m³/d、35 m³/d、45 m³/d 时的模拟结果。

1. 注水量为 25 m³/d

图 6.25~ 图 6.27 为生产时间 1 年、10 年、20 年时的含水、含油饱和度以及孔隙压力分布。

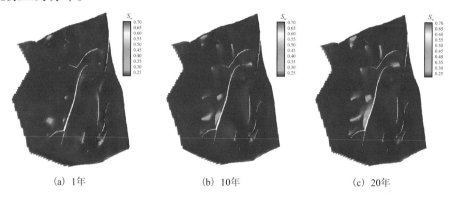

(a) 1年　　　　　　　(b) 10年　　　　　　　(c) 20年

图 6.25　注水量为 25 m³/d 时 FI1 层含水饱和度变化

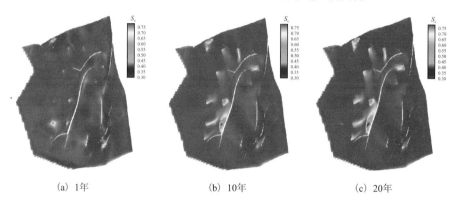

(a) 1年　　　　　　　(b) 10年　　　　　　　(c) 20年

图 6.26　注水量为 25 m³/d 时 FI1 层含油饱和度变化

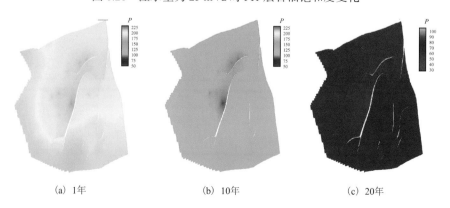

(a) 1年　　　　　　　(b) 10年　　　　　　　(c) 20年

图 6.27　注水量为 25 m³/d 时 FI1 层孔隙压力变化

2. 注水量为 35 m³/d

图 6.28~ 图 6.30 为生产时间 1 年、10 年、20 年时的含水、含油饱和度以及孔隙压力分布。

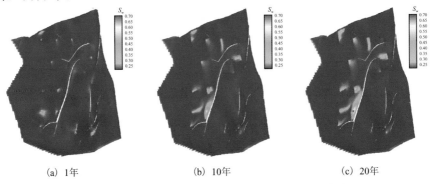

（a）1年　　　　　　（b）10年　　　　　　（c）20年

图 6.28　注水量为 35 m³/d 时 FI1 层含水饱和度变化

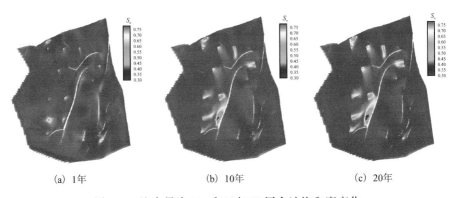

（a）1年　　　　　　（b）10年　　　　　　（c）20年

图 6.29　注水量为 35 m³/d 时 FI1 层含油饱和度变化

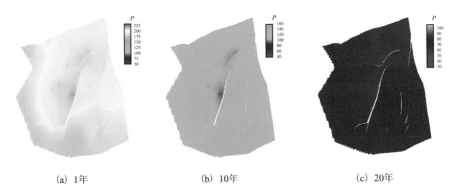

（a）1年　　　　　　（b）10年　　　　　　（c）20年

图 6.30　注水量为 35 m³/d 时 FI1 层孔隙压力变化

3. 注水量为 45 m³/d

图 6.31~ 图 6.33 为生产时间 1 年、10 年、20 年时的含水、含油饱和度以及孔隙压力分布。

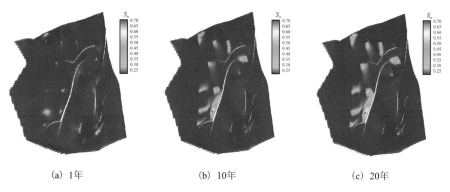

(a) 1年　　　　　　　(b) 10年　　　　　　　(c) 20年

图 6.31　注水量为 45 m³/d 时 FI1 层含水饱和度变化

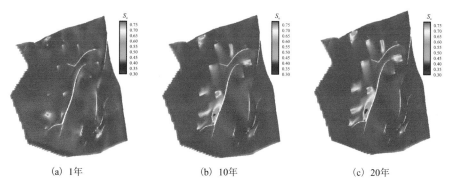

(a) 1年　　　　　　　(b) 10年　　　　　　　(c) 20年

图 6.32　注水量为 45 m³/d 时 FI1 层含油饱和度变化

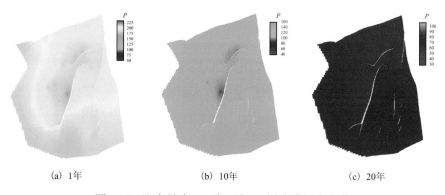

(a) 1年　　　　　　　(b) 10年　　　　　　　(c) 20年

图 6.33　注水量为 45 m³/d 时 FI1 层孔隙压力变化

　　图 6.34 为不同日注水量时断层窜流量曲线,可以看出,随日注水量的增大,断层窜流量逐渐增大,且这增大幅度较大,其主要原因是储层注入水整体有向断层流动的趋势。日注水量增大,则注入水和断层之间整体流速会提高,从而导致断层窜流量升高。在注入水波及效率得到保证的前提下可通过减小日注水量的方法来减小断层窜流量。

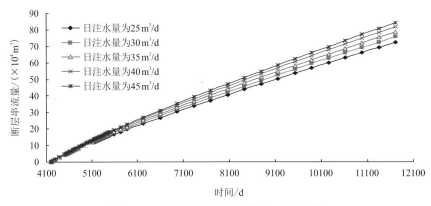

图 6.34 不同日注水量时断层窜流量曲线

图 6.35 为不同日注水量时,油层进水量曲线,可以看出,随日注水量的增大,油层进水量逐渐降低。相对来说,这种变化的幅度很小,油层进水量减小的趋势不那么明显。

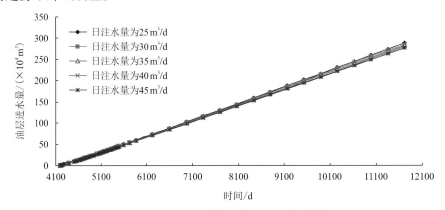

图 6.35 不同日注水量时油层进水量曲线

图 6.36 为断层窜流量以及油层进水量随日注水量变化规律,可以看出,随

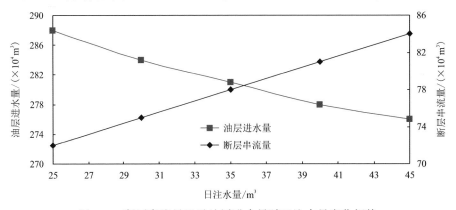

图 6.36 断层窜流量以及油层进水量随日注水量变化规律

日注水量的增大,断层窜流量升高,而油层进水量降低,说明日注水量越大流入断层的水越多。

6.2.3　注水井流动压力

设定注水井流动压力分别为 25 MPa、28 MPa、30 MPa、32 MPa 和 35 MPa,其他注采参数相同,方案设计如表 6.4 所示。此时对应的井口注水压力约为 9 MPa、12 MPa、14 MPa、16 MPa 和 19 MPa。

表 6.4　注水井流压优化方案

方案	日注水量/m³	注水井流动压力/MPa	油井流动压力/MPa
方案 1	40	25	2.0
方案 2	40	28	2.0
方案 3	40	30	2.0
方案 4	40	32	2.0
方案 4	40	35	2.0

给出注水井流动压力分别为 25 MPa、30 MPa、35 MPa 时的含水饱和度及孔压分布结果。

1. 注水井流动压力为 25 MPa

图 6.37 及图 6.38 为生产时间 1 年、10 年、20 年时的含水饱和度以及孔隙压力分布。

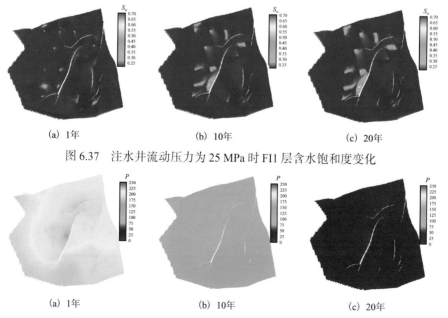

(a) 1年　　　　(b) 10年　　　　(c) 20年

图 6.37　注水井流动压力为 25 MPa 时 FI1 层含水饱和度变化

(a) 1年　　　　(b) 10年　　　　(c) 20年

图 6.38　注水井流动压力为 25 MPa 时 FI1 层孔隙压力变化

2. 注水井流动压力为 30 MPa

图 6.39、图 6.40 为生产时间 1 年、10 年、20 年时的含水饱和度以及孔隙压力分布。

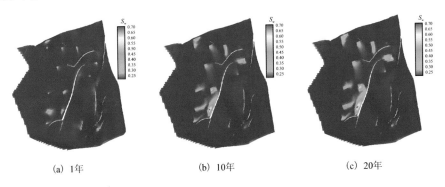

(a) 1年   (b) 10年   (c) 20年

图 6.39   注水井流动压力为 30 MPa 时 FI1 层含水饱和度变化

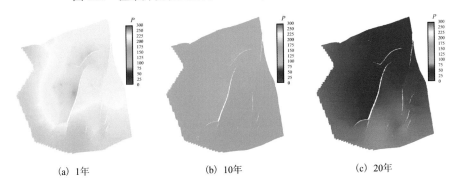

(a) 1年   (b) 10年   (c) 20年

图 6.40   注水井流动压力为 30 MPa 时 FI1 层孔隙压力变化

3. 注水井流动压力为 35 MPa

图 6.41、图 6.42 为生产时间 1 年、10 年、22 年时的含水饱和度以及孔隙压力分布。

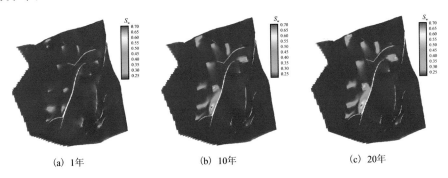

(a) 1年   (b) 10年   (c) 20年

图 6.41   注水井流动压力为 35 MPa 时 FI1 层含水饱和度变化

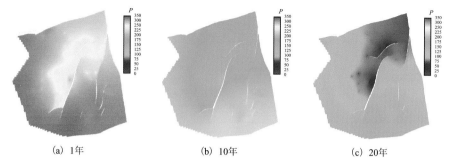

(a) 1年　　　　　　(b) 10年　　　　　　(c) 20年

图 6.42　注水井流动压力为 35 MPa 时 FI1 层孔隙压力变化

　　从不同注水井流动压力下三场参数模拟结果看出,随着注水井流动压力的升高,储层孔隙压力逐渐升高,而断层处的压力较低,整体上油层压力变化较均匀,以断层位置为中心,向储层四周孔隙压力逐渐增大,储层流体运动趋势主要受中间大断层控制。因此,储层流体在驱动压差作用下,总体上是向着中心大断层运动的,这就决定了将有相当一部分注入水会从断层渗漏。

　　图 6.43 ～ 图 6.45 给出了断层窜流量、油层进水量曲线以及断层窜流量和

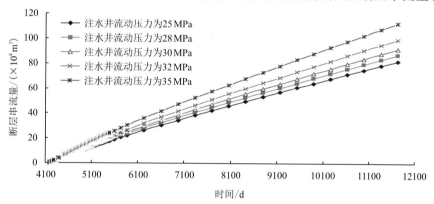

图 6.43　不同注水井流动压力时断层窜流量曲线

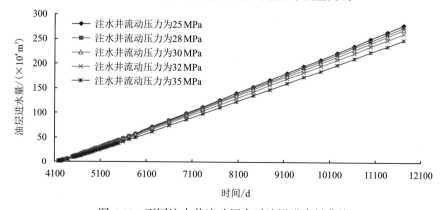

图 6.44　不同注水井流动压力时油层进水量曲线

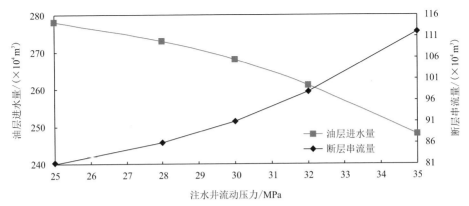

图 6.45　断层窜流量和油层进水量随注水井流动压力变化规律

油层进水量随注水井流动压力变化规律。从图中看出，随着注水井流动压力的提高，断层窜流量逐渐升高，而油层进水量逐渐减小。

断层窜流量随着注水井流动压力的升高而增大，油层进水量随着注水井流动压力的升高而减小，说明注水井流动压力越高越有利于断层窜流，可通过控制注水井流动压力变化来减小断层窜流量。

6.3　S382 区块断层渗漏、窜流防控方法

（1）控制注水压力于断层开启之下，保持断层的密封性。S382 区块是榆树林油田北部开发效果相对较好的区块，但由于该区储层物性相对较好，使油井含水上升速度快，大部分井过早见水或水淹，主力油层吸水差，注采严重失衡，影响了油田整体开发效果。其中，断层是影响其开发效果的一个重要原因。S382 区块和 M11 区块相比，最大的区别就是断层发育，而微裂缝较少。注水开发过程中，流体窜流主要发生在断层及其附近，泥岩吸水量也与断层的动态变化密切相关。从应力场计算结果可以看出，断层受到张应力作用，在注水过程中，随着断层附近贮水量的不断增大，注水压力逐步提高，断层附近的微裂缝开始开启和延伸，使得断层附近的注水井与断层沟通，断层部位开始浸水。当注水压力超过断面破裂带吸水压力时，断层不再密封。因此，注水压力保持在断层破裂带吸水压力之下至关重要，且注水井的允许注水压力要低于断层不发育无裂缝的油层，根据模拟计算断层附近允许注水压力应控制在 14 MPa 下，从而防止注入水导致断层破碎带某些部位开启，注入水沿断层破碎带窜流，使断层起不到密封作用。

（2）根据隔夹层分布和断层的展布情况，进行井网调整。夹层对开发也有一定程度的影响。注采井组内分布稳定的夹层，将厚油层细分成若干个流动单元，易形成多段水淹。若夹层分布不稳定，则注入水下窜，不稳定夹层越多，

其间油水运动和分布也就越复杂。夹层的存在减弱了重力和毛细管力的作用,对于正韵律、块状厚油层来说,夹层有利于提高注入水纵向波及系数,而反韵律油层则不利于下部油层的动用。不稳定夹层的位置不同,水线推进形态各异,造成水淹状况的复杂性。因此,对夹层分布情况调查清楚,针对不同隔夹层分布特征,结合断层展布一起考虑进行井网调整可以提高开发效果。

(3) 考虑储层非均质性,控制河道砂体注水。S382 区块非均质性强,非均质性对剩余油分布具有重要影响。注入水总是沿高渗层突进,当油井见水后,含水上升快,并在储层中从注水井到生产井沿高渗层带形成一个连续水道,注入水沿高渗水道直接进入生产井,而不易波及低渗层,造成低渗层带含油饱和度比高渗层带的要高得多。因此对于严重非均质油藏,采用常规注水采收率不高的主要原因是注入水波及系数低,很多低渗层带并未动用或动用程度较差,导致在含水较高时,地下仍有较多的剩余油。因此,对于 S382 区块除了考虑断层的分布外,应加强油藏精细描述,掌握剩余油的分布规律。以河道砂体为主的主力油层是主要的吸水层和产液层,该类砂体发育规模相对较大,注采关系较完善,油井产液高、含水高,所剩剩余油较少,由于非均质性的影响使得地层压力平面分布不均衡。因此,对这类砂体主要以实施周期注水、高含水井关井为主。

主要参考文献

陈朝安, 毕全福, 等. 2007. 层间窜流井的试油过程分析[J]. 长江大学学报(自科版)理工卷, 4(2): 180–182.

陈方方, 贾永禄, 等. 2008. 三重介质不稳态窜流渗流模型与试井曲线分析[J]. 钻采工艺, 31(5): 62–65.

程浩, 郎兆新. 2000. 泡沫驱中的毛管窜流及其数值模拟[J]. 重庆大学学报(自然科学版), 23(增刊): 161–165.

程林松, 杨乃群, 李忠兴. 2002. 层系间窜流的诊断分析[J]. 石油大学学报(自然科学版), 26(1): 50–56.

程倩, 熊伟, 等. 2009. 基岩–孤立溶洞不稳定窜流方程[J]. 特种油气藏, 16(3): 53–54, 81.

崔孝秉, 岳伯谦, 罗维东, 等. 1994. 注水油田套管损坏区预测法[J]. 石油大学学报(自然科学版), 18(1): 50–56.

黄小兰, 刘建军, 杨春和, 等. 2007. 考虑泥岩软件特性的油藏渗流场与地应力场耦合分析[J]. 西安石油大学学报(自然科学版), 22(2): 48–52.

霍进, 贾永禄, 等. 2006. 多层窜流油气藏模型及井底压力动态[J]. 油气井测试, 15(2): 1–4.

李宜强, 班凡生, 高树生, 等. 2008. 有效应力对裂缝型低渗透砂岩油藏压力影响的影响[J]. 岩土力学, 29(6): 1651–1656.

贾永禄, 李允, 邓吉彬. 1997. 具有井筒相分离和层间窜流的层状油藏渗流井底压力精确解[J]. 西南石油学院学报, 19(1): 40–44.

刘建军. 2001. 裂缝性低渗透油藏流固耦合理论及应用[D]. 北京: 中国科学院渗流流体力学研究所.

刘建军, 刘先贵. 2001. 有效压力对低渗透多孔介质孔隙度、渗透率的影响[J]. 地质力学学报, 7(1): 42–47.

刘睿, 姜汉桥, 等. 2010. 窜流通道高速非达西渗流规律实验[J]. 大庆石油地质与发, 29(1): 65–69.

刘卫, 林承焰, 等. 2010. 低渗透厚油层层内优势窜流通道定量识别新方法研究[J]. 石油天然气学报(江汉石油学院学报), 32(1): 1–5.

彭仕苾, 史彦尧, 等. 2007. 油田高含水期窜流通道定量描述方法[J]. 石油学报, 28(5): 79–83.

任磊. 2001. 精细油藏描述技术在榆树林油田升382井区注水调整中的应用[J]. 价值工程, (7): 27–29.

苏艳玲. 2011. 精细油藏描述在升382区块开发调整中的应用[J]. 价值工程, (6): 10–13.

孙庆和, 陈淑利, 林海. 2008. 大庆头台油田开发与建设文集[M]. 北京: 石油工业出版社.

孙泽辉, 张劲, 王秀喜. 2003. 隔层窜流现象的数值模拟研究[J]. 石油学报, 24(6): 54–58.

王程忠, 白龙, 赵凤森. 2003. 利用屏蔽暂堵技术解决塔河油田长裸眼井的地层渗漏问题[J]. 石油钻探技术, 31(2): 60–61.

王海涛, 贾永禄, 张建军. 2007. 具有层间窜流的三层油藏非牛顿幂率流试井模型[J]. 西安石油大学学报(自然科学版), 22(2): 52–55.

王江云, 毛羽, 王娟. 2008. 卧式三旋内多管间窜流返混的数值模拟[J]. 炼油技术与工程, 38(8): 38–41.

汪晓敏. 2010. 榆树林油田升 382 井区扶杨油层沉积微相与储层非均质性研究[D]. 大庆: 大庆石油学院.

吴洪彪, 佟斯琴, 兰丽凤. 2003. 考虑层间窜流的多层多相数值试井方法研究[J]. 大庆石油地质与开发, 22(6): 40-43.

武红岭, 张利容. 2002. 断层周围的弹塑性区及其地质意义[J]. 地球学报, 23(1): 11-17.

吴铭德, 李爱民. 1994. 对多层油气藏中存在问题的认识[J]. 天然气工业, 14(2): 30-34.

徐全. 2010. 榆树林油田升 382 井区扶杨主力油层流动单元及剩余油研究[D]. 大庆: 大庆石油学院.

姚军, 戴卫华, 王子胜. 2004. 变井筒储存的三重介质油藏试刊解释方法研究[J]. 石油大学学报(自然科学版), 28(1): 46-52.

余承林, 林承焰, 等. 2009. 合注合采油藏窜流通道发育区定量判别方法[J]. 中国石油大学学报, 33(2): 23-27.

张劲, 张士诚. 2004. 水平多缝间的相互干扰研究[J]. 岩石力学与工程学报, 23(14): 2351-2354.

张莱, 陆桂华. 2010. 基于应变状态的岩石损伤演化模型[J]. 河海大学学报(自然科学版), 38(2): 176-182.

张烈辉, 王海涛, 等. 2009. 层间窜流的双孔介质双层油藏渗流模型[J]. 西南石油大学学报, 31(5): 178-182.

赵传峰, 姜汉桥, 李相宏. 2008. 根据油藏动静态资料判断窜流通道方向[J]. 石油天然气学报, 30(2): 53-55.

周德华, 葛家里. 2000. 复杂裂缝油藏中窜流函数的建立[J]. 油气采收率技术, 7(2): 30-32.

Abderrahman S H, Yang H T. 1983. Layered Reservoir with Cross-Flows[C]. SPE.

Al-Ajmi N M, Kazemi H, Ozkan E. 2003. Estimation of Storativity Ratio in a Layered Reservoir with Crossflow[C]. PE Annual Technical Conference and Exhibition, 5-8 October, Denver, Colorado.

Al-Ajmi N M, Kazemi H, Ozkan E. 2008. Estimation of Storativity Ratio in a Layered Reservoir with Crossflow[J]. SPE Reservoir Evaluation & Engineering, 11(2): 267-279.

Bourdet D, Johnston F. 1985. Pressure Behavior of Layered Reservoirs with Crossflow[C]. SPE California Regional Meeting, 27-29 March, Bakersfield, California.

Byrne M, Jimenez M A, Rojas E, et al. 2011. Computational Fluid Dynamics for Reservoir and Well Fluid Flow Performance Modelling[C]. SPE European Formation Damage Conference, 7-10 June, Noordwijk, The Netherlands.

Cheng-tai G. 1986. Determination Of Parameters For Individual Layers In Multi Layer Reservoirs By Transient Well Tests[C]. Annual Technical Meeting, Jun 8-11, Calgary, Alberta.

Cinar Y, Orr Jr F M, Berenblyum R. 2006. An Experimental and Numerical Investigation of Cross-flow Effects in Two-Phase Displacements[J]. SPE Journal, 11(2): 216-226.

Ciqun Liu, Xiaodong Wang. 1993. Transient 2D Flow in Layered Reservoirs with Crossflow[C]. SPE Formation Evaluation, 8(4): 287-291.

Farnand B A, Krug T A. 1989. Oil Removal From Oilfield-Produced Water By Cross Flow Ultrafil-tration[J].Journal of Canadian Petroleum Technology, 28(6).

Guo Boyun, Shi Xiaodong. 2007. A Rigorous Reservoir-Wellbore Cross-Flow Equation for Predicting Liquid Inflow Rate during Underbalanced Horizontal Drilling[C]. Asia Pacific Oil and Gas Conference and Exhibition, 30 October-1 November, Jakarta, Indonesia.

Hatzignatiou D G, Ogbe D O, Dehghani K. 1987. Interference Pressure Behavior in Multilayered Composite Reservoirs[C]. SPE Annual Technical Conference and Exhibition, 27-30 September, Dallas, Texas.

Hossein A A, Esmaiel T E H, Kruijsdijk C P J W van. 2005. Exploring Dispersion Effects and Crossflow Mechanisms in the Nearly Miscible Gas Drives[C]. SPE International Improved Oil Recovery Conference in Asia Pacific, 5-6 December, Kuala Lumpur, Malaysia.

Ihara, Masaru, Kikuyama, Koji, Mizuguchi, Keiichi, Nagoya U. 1994. Flow in Horizontal Wellbores with Influx through Porous Walls[C]. SPE Annual Technical Conference and Exhibition, 25-28 September, New Orleans, Louisiana.

Kuchuk F J, Saeedi J. 1992. Inflow Performance of Horizontal Wells in Multilayer Reservoirs[C]. SPE Annual Technical Conference and Exhibition, 4-7 October , Washington, D.C.

Li Hongmei, Caers J. 2007. Hierarchical Modeling and History Matching of Multiscale Flow Barriers in Channelized Reservoir[C]. SPE Annual Technical Conference and Exhibition, 11-14 November, Anaheim, California, U.S.A.

Li Quanshu, Liu Jianjun. 2010. Numerical Analysis of the Seepage Field in Core Dam. International Symposium on Multi-field Coupling Theory of Rock and Soil Media and Its Applications[C]. Marrickville: Oriental Academic Forum: 492-499.

Liu Jianjun, Li Quanshu. 2012. Numerical Simulation of Injection Water Flow through Low Permeability Oil Reservoir[J]. Disaster Advances, 5(4): 1639-1647.

Liu Jianjun, Li Quanshu, Pei Guihong. 2012. Parametric Study of Channeling Flow in Low Permeability Reservoir with Mudstone Interlayer[J]. Advanced Materials Research, 524-527: 1190-1196.

Liu Jianjun, Li Quanshu, Pei Guihong. 2012. Channeling Flow Occurring with Plastic Failure of Mudstone Interlayer in Low Permeability Reservoir[J]. Electronic Journal of Geotechnical Engineering, 17(E): 521-530.

Nguyen Q P, Currie P K, Zitha P L J. 1994. Effect of Crossflow on Foam-Induced Diversion in Layered Formations[J]. SPE Journal, 10(1): 54-65.

Prats M. 1986. Interpretation of Pulse Tests in Reservoirs With Crossflow Between Contiguous Layers[J]. SPE Formation Evaluation, 511-520.

Scholz J, Sorensen F, Hamp T. 2008. Evaluating Crossflow Migration Drainage[C]. CIPC/SPE Gas Technology Symposium 2008 Joint Conference, 16-19 June, Calgary, Alberta, Canada.

Suyan K M, Dasgupta D, Sanyal D, Jain V K. 2007. Managing Total Circulation Losses with Crossflow while Drilling: Case History of Practical Solutions[C]. SPE Annual Technical Conference and Exhibition, 11-14 November, Anaheim, California, U.S.A.

Wang X, Lu J, Liu P. 2005. Pressure Transient Analysis of the Vertical Fractured Well in Three-Separate Zone with Crossflow in Boxed Reservoirs[C]. Canadian International Petroleum Conference, Jun 7-9, Calgary, Alberta.

Wong F Y, Fong D K. 2005. Developing a Field Strategy to Eliminate Crossflow Along a Horizontal Well[J]. Journal of Canadian Petroleum Technology, 36(9).

Wong F Y, Fong D K. 1994. Developing a Field Strategy To Eliminate Crossflow Along a Horizontal Well[C]. SPE/CIM/CANMET International Conference on Recent Advances in Horizontal Well Applications, March 20-23, Calgary, Canada.

Zhimin Du, Yong Deng, Chen Zhaohui. 2009. A Pore Network Modeling Method to Predict the Flow Parameters in Loose Sandstone[C]. Kuwait International Petroleum Conference and Exhibition, 14-16 December, Kuwait City, Kuwait.

索　引